"十四五"时期国家重点出版物出版专项规划项目
先进制造理论研究与工程技术系列

拼装式模块化机器人的创新实践

Innovative Practice of Modular Assembled Robot

●主编 潘旭东 曾昭阳 姜 雨 高艺濛 刘 路

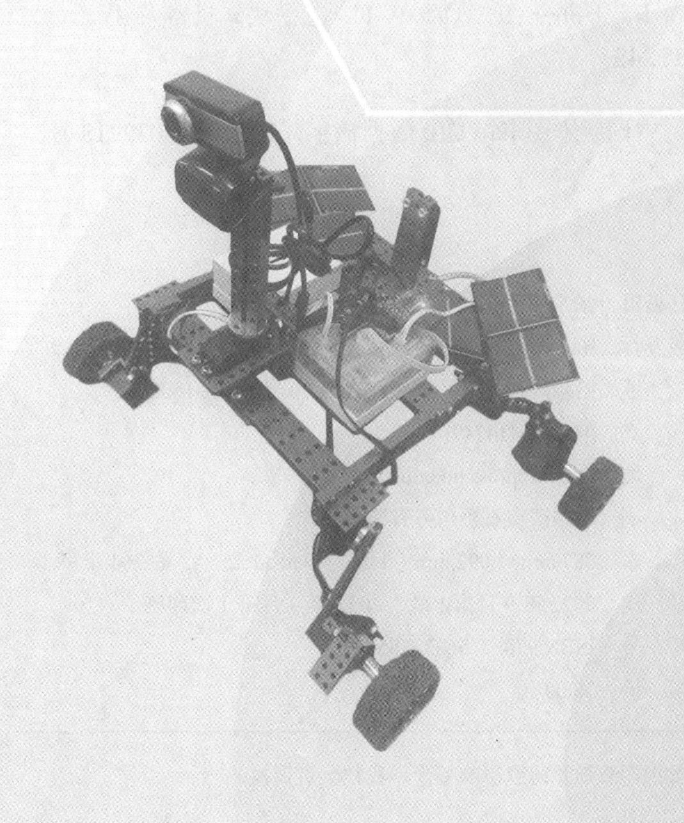

内 容 简 介

本书使用 Pix&Xel 金属结构套件和电子模块套件进行机器人搭建和创意设计，简要地介绍了机器人的基础知识、结构要点、设计思路和相应搭建应用案例。全书共 10 章，包括机器人的介绍与分类，机器人的机械结构、电子硬件及控制软件，底盘类机器人、仿生类机器人、竞技类机器人等简易设计，智能视觉识别原理和应用案例，以及视觉机械臂和智能搬运机器人的综合应用案例。

本书可作为创客及智能硬件爱好者的参考用书，同时也适用于开源硬件设计、创意机器人设计和工程实践创新等课程的教学。

图书在版编目（CIP）数据

拼装式模块化机器人的创新实践 / 潘旭东等主编
. —哈尔滨：哈尔滨工业大学出版社，2022.9
（先进制造理论研究与工程技术系列）
ISBN 978-7-5603-5858-1

Ⅰ. ①拼… Ⅱ. ①潘… Ⅲ. ①模块式机器人 Ⅳ.
①TP242

中国版本图书馆 CIP 数据核字（2022）第 032218 号

责任编辑 张 荣
出版发行 哈尔滨工业大学出版社
社 址 哈尔滨市南岗区复华四道街 10 号 邮编 150006
传 真 0451-86414749
网 址 http://hitpress.hit.edu.cn
印 刷 哈尔滨市石桥印务有限公司
开 本 787 mm×1 092 mm 1/16 印张 11.25 字数 264 千字
版 次 2022 年 9 月第 1 版 2022 年 9 月第 1 次印刷
书 号 ISBN 978-7-5603-5858-1
定 价 38.00 元

前　言

随着各项技术的研究深入，机器人在生活的方方面面均得到了广泛应用。在航空航天领域，机器人早已代替人类登陆其他星球，向着宇宙的更深处进行探索；在工业制造领域，许多工种都被工业机器人替代，更加高效、规范地完成相应工作；在交通运输领域，逐渐涌现了许多智能交通设备，如无人驾驶设备、自主导航设备、应急避障设备等；在日常生活中，各类服务型机器人也逐渐进入大众视野，如扫地机器人、送餐机器人等。

作为21世纪发展最迅速、应用最为广泛、前景最为激动人心的技术之一，机器人技术使得人类曾经的梦想正在逐步变为现实，并已融入人类的生活。它的发展涉及机械、电子、传感器、计算机、自动控制、计算机视觉、人工智能等多领域的知识，是一门综合性和实践性都较强的技术，这就需要我们通过持续学习和创新实践相结合的方式来步入机器人的世界。

本书共分为10章：第1章主要介绍机器人的基本知识与分类；第2章主要介绍机器人的机械结构，包含零件结构、动力结构以及传动和执行机构，并针对这些机构例举搭建案例；第3章主要介绍机器人的电子硬件，包含主控板以及各类电子模块说明；第4章主要介绍机器人控制软件，包含图形化编程软件和纯编程软件两类；第5章主要介绍底盘类机器人，包含摩擦轮底盘、阿克曼底盘、全向轮底盘和麦克纳姆轮底盘，并结合机器人的应用实例进行讲解；第6章主要介绍仿生类机器人，包含仿生四足、双足式、蠕动型和轮腿式等多种仿生类机器人；第7章主要介绍竞技类机器人，包含简要规则和设计要求；第8章主要介绍智能视觉识别，包含从简单使用到实际的应用编程；第9章和第10章主要介绍综合应用案例，分别为视觉机械臂和智能搬运机器人的综合运用。

由于机器人相关的各项技术处于不断发展之中，加之编者水平有限，书中疏漏与不足之处在所难免，衷心希望读者批评指正。

本书中所涉及的串口驱动、知码狐编程软件、Arduibo IDE、MaixPy IDE、字库文件地址、条形码生成网站、QR码生成网站以及相关参考网站的网址请扫描二维码。

编　者

2022年7月

目　录

第1章　机器人入门 ······ 1

1.1　机器人介绍 ······ 1

1.2　机器人分类 ······ 2

第2章　机器人机械结构 ······ 4

2.1　机器人零件结构 ······ 4

2.1.1　结构类零件 ······ 4

2.1.2　连接类零件 ······ 5

2.1.3　传动类零件 ······ 7

2.2　机器人动力结构 ······ 9

2.2.1　直流电机安装 ······ 10

2.2.2　舵机安装 ······ 10

2.3　机器人传动机构 ······ 11

2.3.1　平面连杆机构 ······ 11

2.3.2　齿轮机构及轮系 ······ 13

2.3.3　其他机构 ······ 14

2.4　机器人执行机构 ······ 15

2.4.1　主动轮及从动轮模块 ······ 16

2.4.2　机器人关节模块 ······ 18

2.4.3　机械手模块 ······ 19

2.4.4　机械臂模块 ······ 19

第3章　机器人电子硬件 ······ 20

3.1　主控板及电池简介 ······ 20

3.1.1　主控板简介 ······ 20

3.1.2　电池简介 ······ 22

3.2　数字传感器功能及原理 ······ 22

3.3　模拟传感器功能及原理 ······ 26

3.4 机器人远程通信 …… 31
3.4.1 红外通信 …… 31
3.4.2 蓝牙通信 …… 31

第4章 机器人控制软件 …… 33
4.1 硬件编程环境搭建 …… 33
4.1.1 串口驱动安装 …… 33
4.1.2 图形化编程环境搭建 …… 34
4.1.3 代码编程环境搭建 …… 34
4.2 知码狐编程软件 …… 35
4.2.1 软件简介 …… 35
4.2.2 基础编程 …… 38
4.3 Arduino IDE 软件 …… 50
4.3.1 软件简介 …… 50
4.3.2 基础编程 …… 51

第5章 底盘类机器人 …… 61
5.1 底盘类机器人简介 …… 61
5.1.1 摩擦轮底盘机器人 …… 61
5.1.2 阿克曼底盘机器人 …… 62
5.1.3 全向轮底盘机器人 …… 63
5.1.4 麦克纳姆轮底盘机器人 …… 69
5.2 底盘类机器人实验 …… 76
5.2.1 轮式避障机器人 …… 76
5.2.2 轮式巡线机器人 …… 80
5.2.3 超声波定位机器人 …… 85
5.2.4 光电传感器定位机器人 …… 89

第6章 仿生类机器人 …… 93
6.1 仿生四足机器人 …… 93
6.2 蠕动型机器人 …… 100
6.3 轮腿式火星探测车 …… 105
6.4 双足式机器人 …… 113

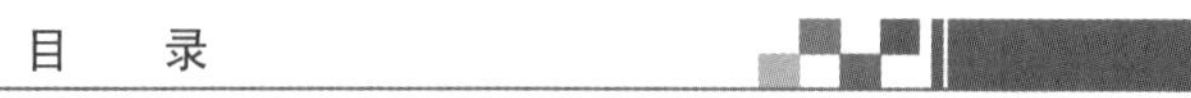

第 7 章　竞技类机器人……118

7.1　足球竞技机器人……118
7.2　篮球竞技机器人……119
7.3　资源争夺对抗机器人……120

第 8 章　智能视觉识别……122

8.1　视觉模块简介……122
8.2　视觉编程环境搭建……122
8.3　视觉编程软件简介……124
8.4　视觉模块基础编程……126
8.5　视觉模块应用案例……138

第 9 章　综合应用案例：视觉机械臂……152

9.1　视觉识别……152
　9.1.1　识别方式……152
　9.1.2　安装位置……152
9.2　信息传递……153
9.3　运动控制……158

第 10 章　综合应用案例：智能搬运机器人……161

10.1　信号输入……161
10.2　信息处理……162
10.3　运动控制……163

参考文献……169

第1章　机器人入门

1.1　机器人介绍

机器人的英文名称为 Robot，最早出现在捷克作家卡雷尔·恰佩克（图 1.1（a））的剧本当中，当时卡佩克把捷克语“Robota”写成了“Robot”，之后机器人开始进入人类的语言词汇中。

机器人自出现到现在不到一百年，随着科学技术的不断发展，机器人的种类越来越多，因此关于机器人的定义也是各有不同，其中一种定义如下：

机器人（Robot）是自动执行工作的机器装置。它既可以接受人类指挥，又可以运行预先编排的程序，也可以根据以人工智能技术制定的原则纲领行动。

目前，可以说机器人是听从人类的指挥，但是如果有一天机器人不听从人类的命令怎么办？这个问题在 20 世纪 40 年代，美国的科幻作家阿西莫夫（图 1.1（b））在《我是机器人》一书中提出了“机器人的三定律”，希望人类研发的机器人不应该违背这三个定律。

（a）卡雷尔·恰佩克

（b）阿西莫夫

图 1.1　卡雷尔·恰佩克和阿西莫夫

阿西莫夫在书中的机器人三定律如下。

第一定律：

机器人不得伤害人类个体，或者目睹人类个体将遭受危险而袖手不管。

第二定律：

机器人必须服从人给予它的命令，当该命令与第一定律冲突时例外。

第三定律：

机器人在不违反第一、第二定律的情况下要尽可能保护自己的生存。

1.2　机器人分类

机器人的形态结构、功能用途及应用环境是多种多样的，因而可从不同的角度对机器人进行分类。各类机器人如图 1.2 所示。

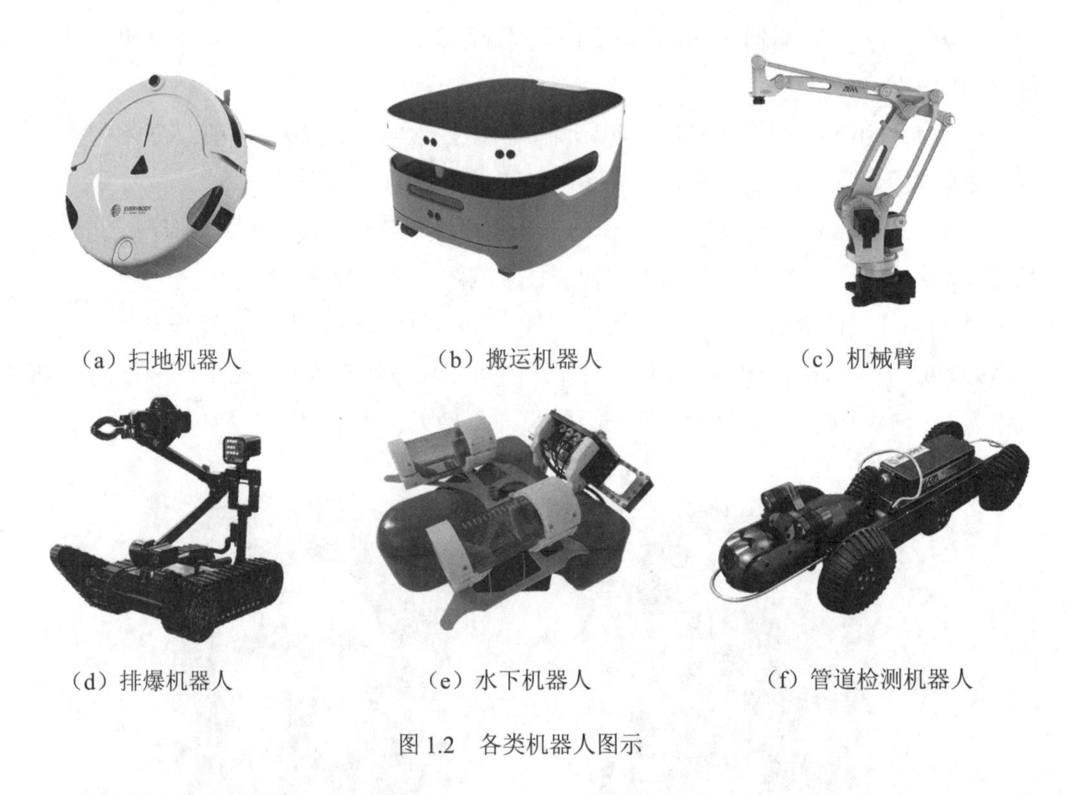

（a）扫地机器人　（b）搬运机器人　（c）机械臂

（d）排爆机器人　（e）水下机器人　（f）管道检测机器人

图 1.2　各类机器人图示

1. 根据运动方式分类

根据机器人的运动方式，机器人可分为轮式机器人、足腿式机器人、履带式机器人、蠕动式机器人、浮游式机器人、潜游式机器人、飞行式机器人和其他运动方式机器人。

2. 根据机械结构分类

根据机器人的机械结构，机器人可分为垂直关节型机器人、平面关节型机器人、直角坐标型机器人、并联机器人和其他机械结构类型机器人。

3. 根据编程和控制方式分类

根据机器人的编程和控制方式，机器人可分为编程型机器人、主从机器人和协作机器人。

4. 根据使用空间分类

根据机器人的使用空间，机器人可分为地面 / 地下机器人、水面 / 水下机器人、空中机器人、空间机器人和其他使用空间机器人。

5. 根据应用领域分类

根据机器人的应用领域，机器人可分为工业机器人、个人 / 家用服务机器人、公共服务机器人、特种机器人和其他应用领域机器人。

第 2 章 机器人机械结构

机器人的机械结构是机器人完成其机能必备的“骨骼”框架，可系统地分为钢体结构、动力源、传动机构、执行机构四部分。其中：

（1）钢体结构是指搭建机器人的外部结构和造型。

（2）动力源是指给机器人提供动力的来源，即各类电机。

（3）传动机构是指动力源连接执行机构的中间部分，其主要作用是改变运动形式和改变运动速度，或者实现较远距离的运动传递。例如：曲柄滑块机构可以改变运动形式，将圆周运动变为直线往复运动；齿轮啮合可以实现减速；带传动及链传动可以实现较远距离的运动传递等。

（4）执行机构是指机器人末端执行动作的机构。例如：轮式机器人主动轮、从动轮，抓取物体的手抓等。

2.1 机器人零件结构

机器人的零件结构用于搭建机器人的整体框架，按功能可分为结构类、连接类、传动类零件三类。

2.1.1 结构类零件

结构类零件的作用主要是搭建机器人的主体框架及基座等，如轮式机器人的底盘。使用方法：利用零件上的通孔、螺丝卡槽、端面上的螺纹进行梁与梁之间的连接，也可连接其他零件。结构类零件具体分类见表 2.1。

表 2.1 结构类零件具体分类

名称	工字梁	单孔连杆	单孔梁	双孔梁
样例				
型号	0412-08/0412-104 0412-16/0412-120 0412-24/0412-136 0412-40/0412-152 0412-56/0412-168 0412-64/0412-184 0412-80/0412-216 0412-88/0412-236	0208-36/0208-140 0208-60/0208-156 0208-76/0208-172 0208-92/0208-188 0208-108/0208-204 0208-124/0208-220	0808-024/0808-120 0808-040/0808-136 0808-056/0808-152 0808-072/0808-184 0808-088/0808-312 0808-104/0808-504	0824-016/0824-112 0824-32/0824-128 0824-48/0824-144 0824-64/0824-160 0824-80/0824-176 0824-96/0824-192

搭建案例：结构类零件搭建案例如图 2.1 所示。

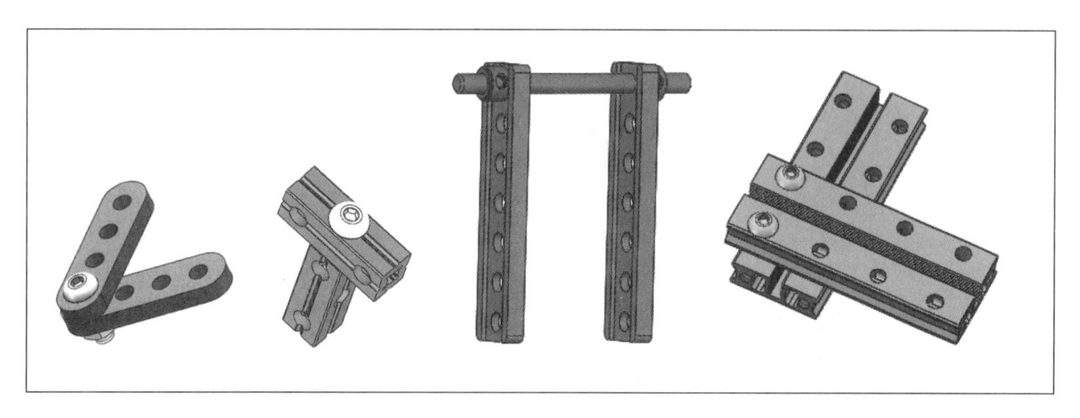

图 2.1　结构类零件搭建案例

2.1.2　连接类零件

连接类零件的作用主要是配合结构类零件搭建框架结构，用于连接和加固不同的结构类零件，实现多种结构框架，也可用作轴类等支承基座。连接类零件见表 2.2。

表 2.2　连接类零件

名称	连接杆 135	连接片 90	连接片 120
样例			
功能	主要用于实现结构类零件一定角度的偏转固定		
名称	连接片 01	连接片 02	连接片 03
样例			
功能	主要用于结构类零件连接和轴类零件组合使用		
名称	圆盘连接片	三角连接片	连接片 7×9
样例			
功能	主要用于结构类零件的连接和部分结构的基座部分		

搭建案例：连接类零件搭建案例如图 2.2 所示。

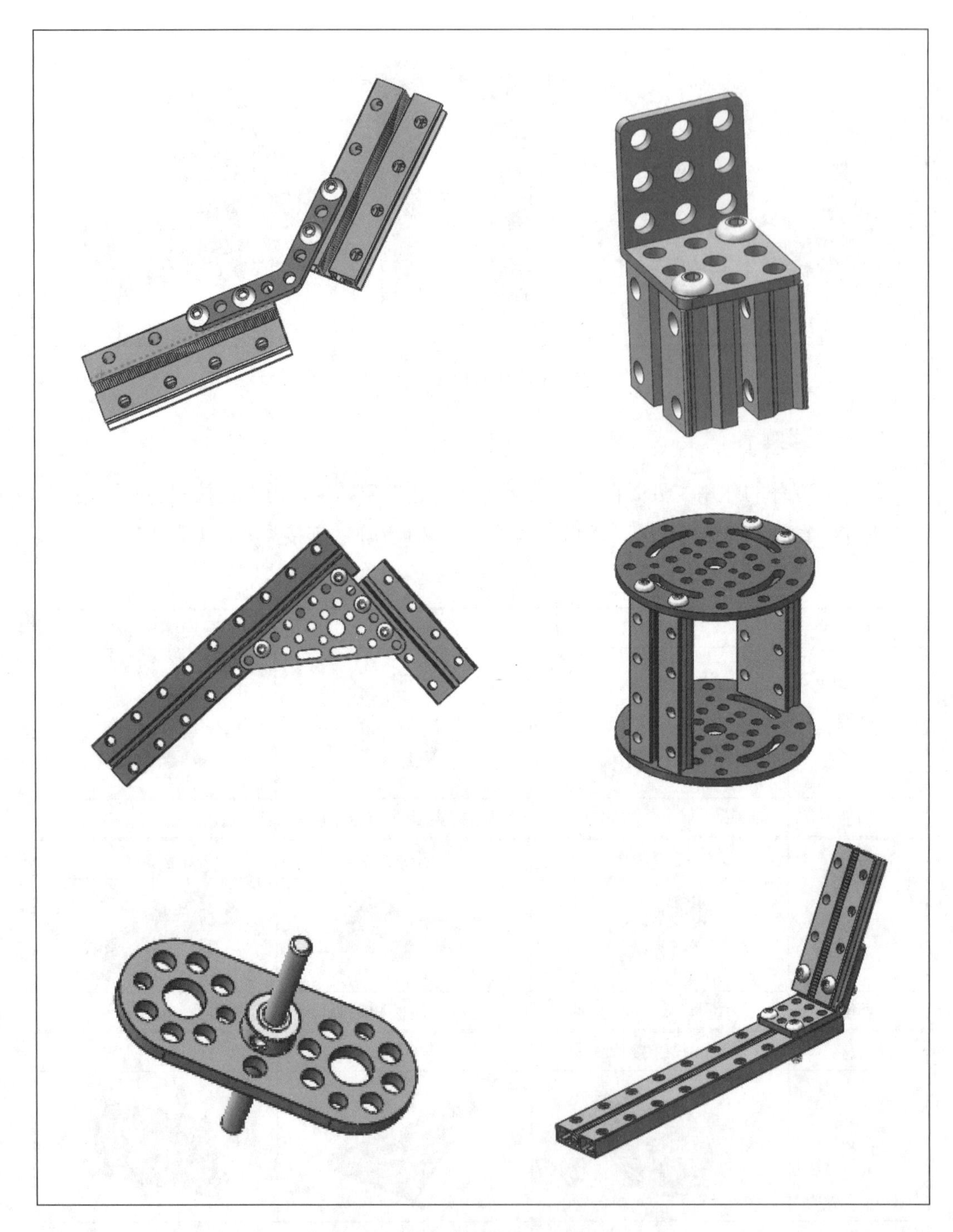

图 2.2　连接类零件搭建案例

2.1.3 传动类零件

传动类零件的作用主要是用于搭建传动装置，如轴系传动、齿轮传动、带传动和链传动等。传动类零件见表 2.3。

表 2.3 传动类零件

名称	D 型轴	光轴	螺纹轴
样例	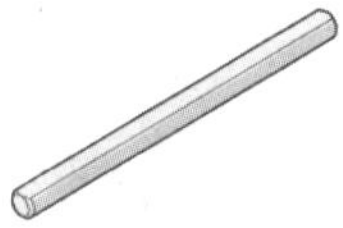	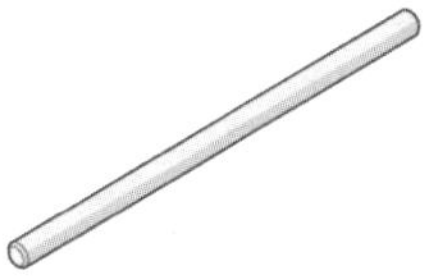	
功能	用于支承旋转零件，并传递运动和动力，通常需要配合轴承、轴套、轴夹紧块、传动固定盘、联轴器等使用		
名称	轴承	轴套	固定盘
样例	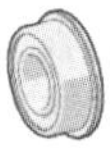		
功能	用于支承旋转零件，固定、旋转和减小滚动摩擦	用于轴向定位，防止零件滑动	用于将齿轮、同步轮等零件固定在轴上
名称	齿轮	同步带轮 1	同步带轮 2
样例			
功能	用于齿轮传动，利用不同齿轮组传递运动	用于同步带传动，通过同步带传递运动	
名称	同步带	同步带固定片	同步带轮挡片
样例		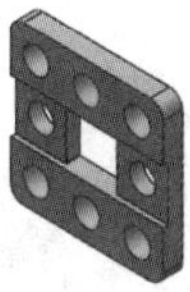	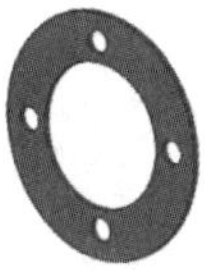
功能	用于连接不同同步带轮之间的传动	用于固定同步带	用于防止同步带在同步带轮上侧滑

搭建案例：传动类零件搭建案例如图 2.3 所示。

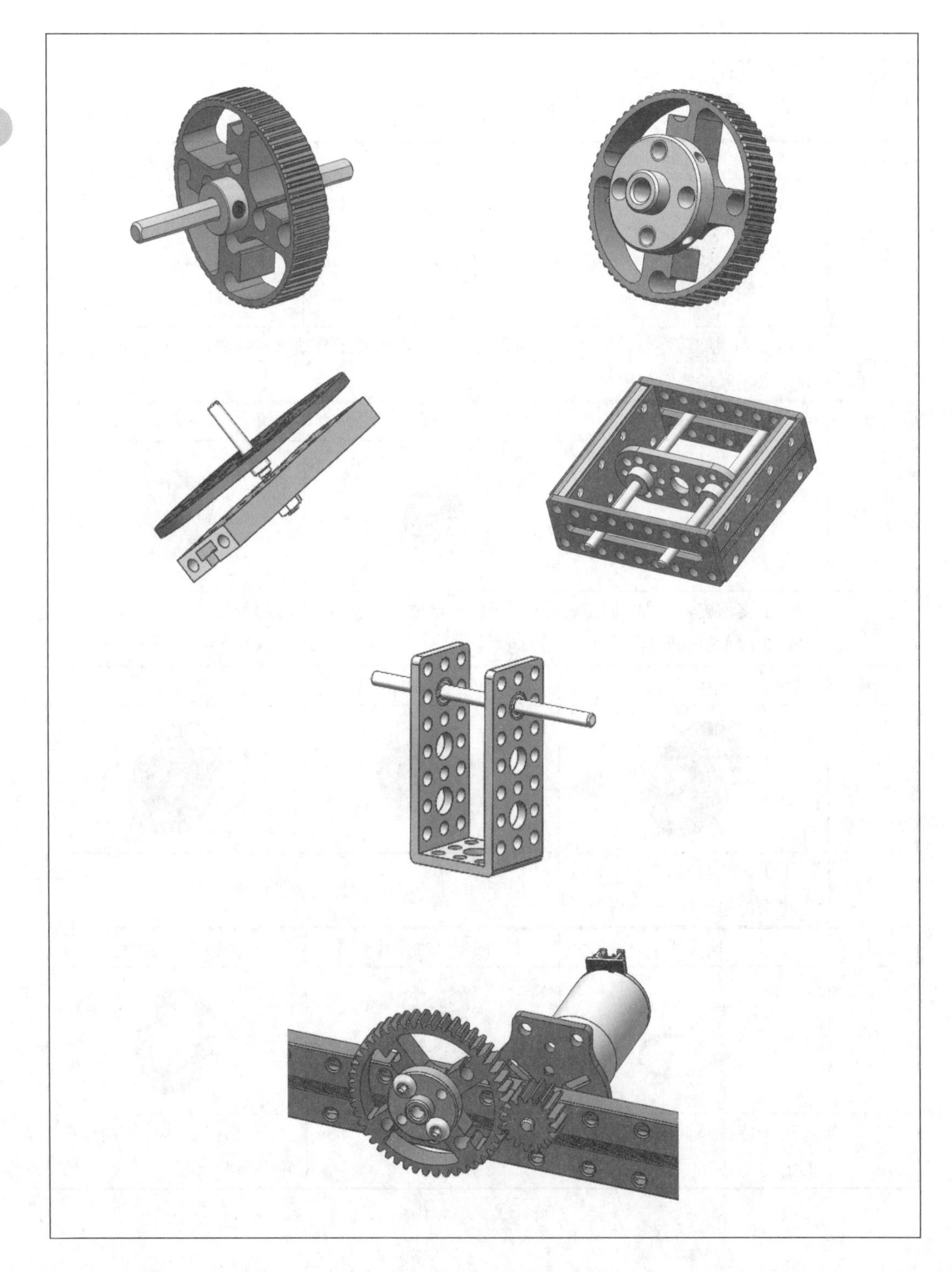

图 2.3　传动类零件搭建案例

2.2　机器人动力结构

机器人的动力结构包括电机及其配套装置，也可以称为动力源，用于给机器人提供动力的来源。各类电机见表 2.4。

表 2.4　各类电机

名称	直流电机	编码电机
样例		
名称	180° 舵机	9 g 舵机
样例		

1. 直流电机

直流电机是依靠直流电驱动的电动机，控制转速方面比较简单，只需控制电压大小即可改变转速，但不能精确控制位置和转速。直流电机输出转矩大，能承受一定过载，可直接连接到主控板上的电机端口，或通过电机驱动模块连接到主控板上。

2. 编码电机

编码电机是在直流电机的基础上增加了光电编码器，电机转动时对光电编码的光栅进行测速并反馈至信号输入端，经过 PID 控制，使电机实现伺服控制。将编码电机驱动模块连到主控板上可精准控制电机速度和位移。

3. 步进电机

步进电机是将电脉冲信号转变为角位移或线位移的开环控制元电机。在非超载的情况下，电机的转速、停止的位置只取决于脉冲信号的频率和脉冲数，而不受负载变化的影响。当步进驱动器接收到一个脉冲信号，它就会驱动步进电机按设定的方向转动一个固定的角度，该角度称为步距角。步进电机的旋转是以固定的角度一步一步运行的，它可以通过控制脉冲数来控制角位移量，从而达到准确定位的目的；同时也可以通过控制脉冲信号的频率来控制电机转动的速度和加速度，从而达到调速的目的。由于控制步进电机需要调节脉冲信号，故需要在主控板上外接步进电机驱动模块，才能达到控制目的。

4. 舵机

舵机也称为伺服电机，最早用于船舶上实现其转向功能。舵机只能在一定角度内转动，不能一圈圈地转，但可以反馈角度位置。舵机常用于控制某物体转动一定角度，比如机器人的关节。

2.2.1 直流电机安装

直流电机常用于机器人底盘、传送带及带轮等，直流电机装配图如图 2.4 所示。

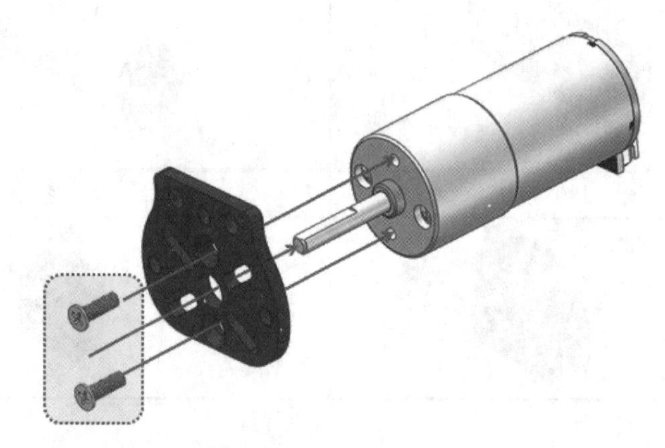

沉头十字 M3*8（mm×mm）

图 2.4 直流电机装配图

2.2.2 舵机安装

180° 舵机常用于机械臂、抓手等结构，舵机装配图如图 2.5 所示。

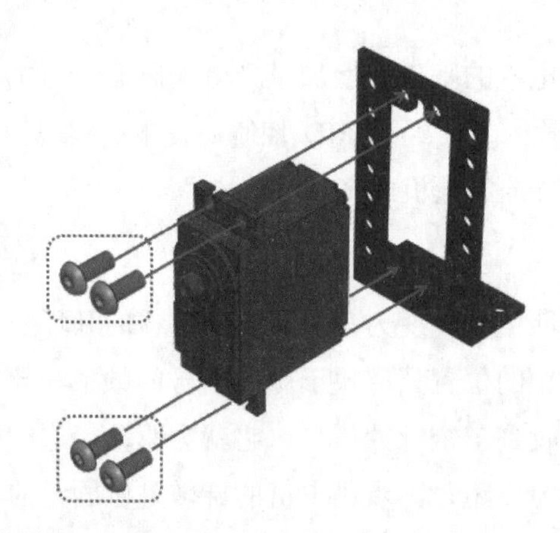

内六角半圆头 M4*10（mm×mm）

图 2.5 舵机装配图

2.3　机器人传动机构

机器人的传动机构，即连接动力源和执行机构的中间过渡部分，其主要作用是改变运动形式和运动速度，或者实现较远距离的运动传递。执行机构的需求根据实际情况各不相同，所以大部分情况下，动力源并不能直接连接到执行机构，而是需要通过传动机构转变运动方式，比如旋转运动变为直线运动，或改变运动速度等。

常用的传动机构有平面连杆机构、齿轮机构、带传动机构、棘轮机构等。

2.3.1　平面连杆机构

本节主要介绍机器人传动机构中平面连杆机构的基本类型及演化方法，平面连杆机构的特点如下。

1. 采用低副

平面连杆机构又称低副机构，具有面接触、承载大、便于润滑、不易磨损、形状简单、易加工等特点，容易获得较高的制造精度。

2. 可改变杆的相对长度

平面连杆机构可改变杆的相对长度，使从动件运动规律与主动件不同。

3. 两构件之间的接触依靠几何封闭维系

平面连杆机构两构件之间的接触是靠本身的几何封闭来维系的，它不像凸轮机构有时需利用弹簧等力封闭来保持接触。

4. 连杆曲线丰富

平面连杆机构连杆曲线丰富，可满足不同要求。在连杆机构中，应用最广泛的是四杆机构。

（1）平面四杆机构的基本类型。

如图 2.6 所示，所有运动副均为转动副的四杆机构称为铰链四杆机构，是平面四杆机构的基本形式，其他四杆机构都可以看成是在它的基础上演化而来的。其中，*AD* 为机架，与机架通过转动副相连的 *AB*、*CD* 称为连架杆，不直接与机架连接的构件 *BC* 称为连杆，能够做整周 360° 回转的连架杆称为曲柄，只能在某一角度范围内往复摆动的连架杆称为摇杆。根据两个连架杆不同的运动形式，可将其分为双摇杆机构、曲柄摇杆机构和双曲柄机构，如图 2.7 所示。

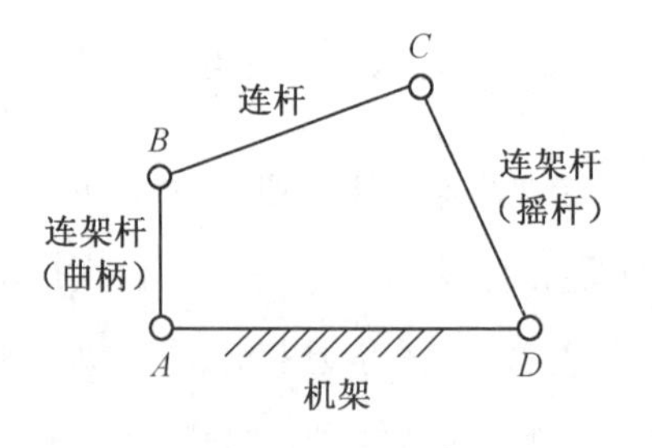

图 2.6　四杆机构

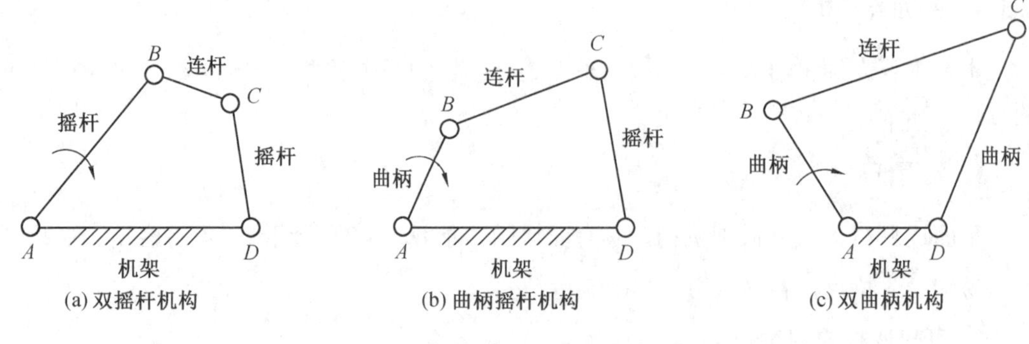

图 2.7　不同连架杆运动形式的四杆机构

搭建案例：四杆机构搭建案例如图 2.8 所示。

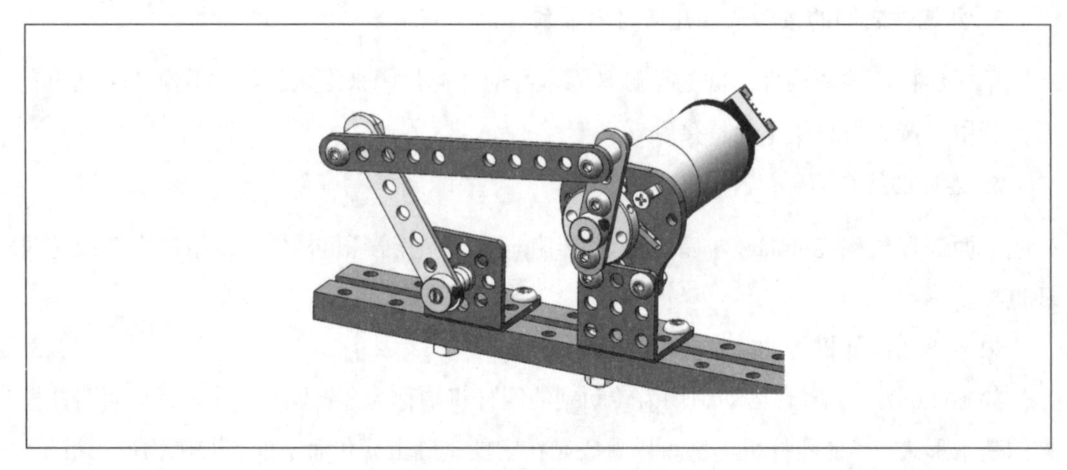

图 2.8　四杆机构搭建案例

（2）平面四杆机构的演化。

除以上四杆机构外，在机器人中还广泛应用着其他类型的四杆机构，但都可视为由铰链四杆机构演化而来。例如：偏执曲柄滑块机构、对心曲柄滑块机构，如图 2.9 所示。

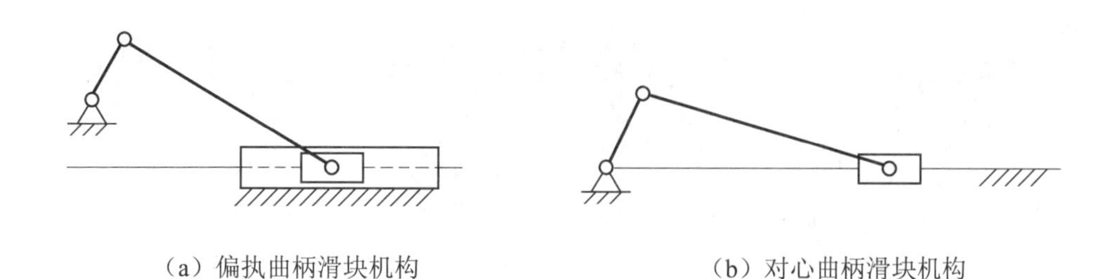

（a）偏执曲柄滑块机构　　（b）对心曲柄滑块机构

图 2.9 其他四杆机构图示

搭建案例：其他四杆机构搭建案例如图 2.10 所示。

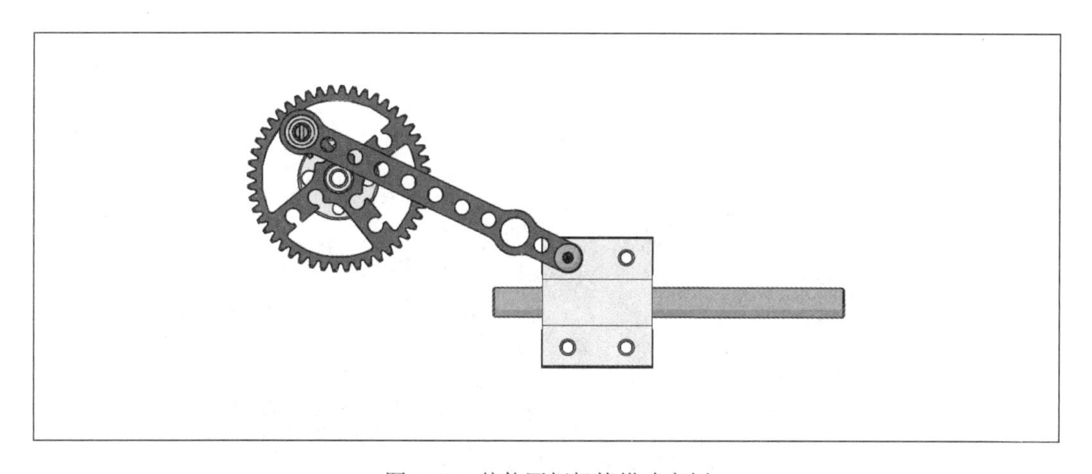

图 2.10 其他四杆机构搭建案例

2.3.2 齿轮机构及轮系

齿轮机构在机器人中应用也十分广泛，其优点是：结构紧凑、传动平稳、工作稳定、效率高。其中，一对齿轮的啮合传动是最简单的运动形式，在实际机器人搭建过程中，为满足不同的需求，往往需要多个齿轮的啮合进行传动，如为提高工业机器人的定位精度和重复定位精度，要用到 RV 减速器或者谐波减速器。这种由一系列齿轮所组成的传动系统称为轮系。

根据在运转过程中，各齿轮几何轴线在空间的相对位置关系是否变动，轮系可分为定轴轮系（图 2.11（a））、周转轮系（图 2.11（b））和复合轮系（图 2.11（c））。其中，所有齿轮几何轴线的位置在运转过程中均固定不变的轮系，称为定轴轮系。而在运转过程中，至少有一个齿轮几何轴线的位置不固定，而是绕着其他定轴齿轮轴线回转的轮系，称为周转轮系。复合轮系则是指既有定轴轮系部分，又有周转轮系部分，或者若干个周转轮系组成的转系。

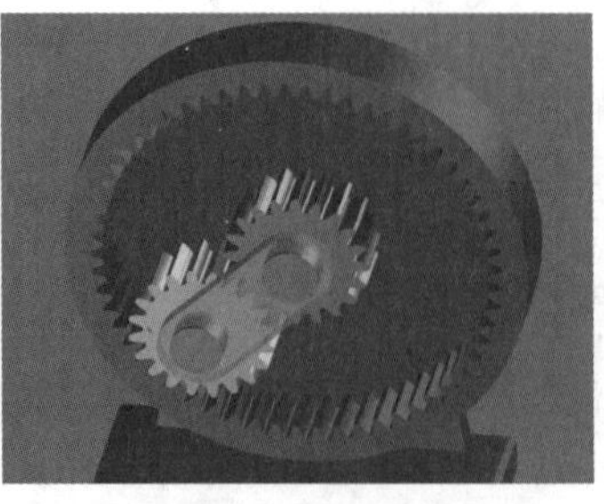

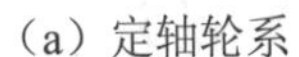

（a）定轴轮系　（b）周转轮系　（c）复合轮系

图 2.11　各类轮系

搭建案例：定轴轮系搭建案例如图 2.12 所示。

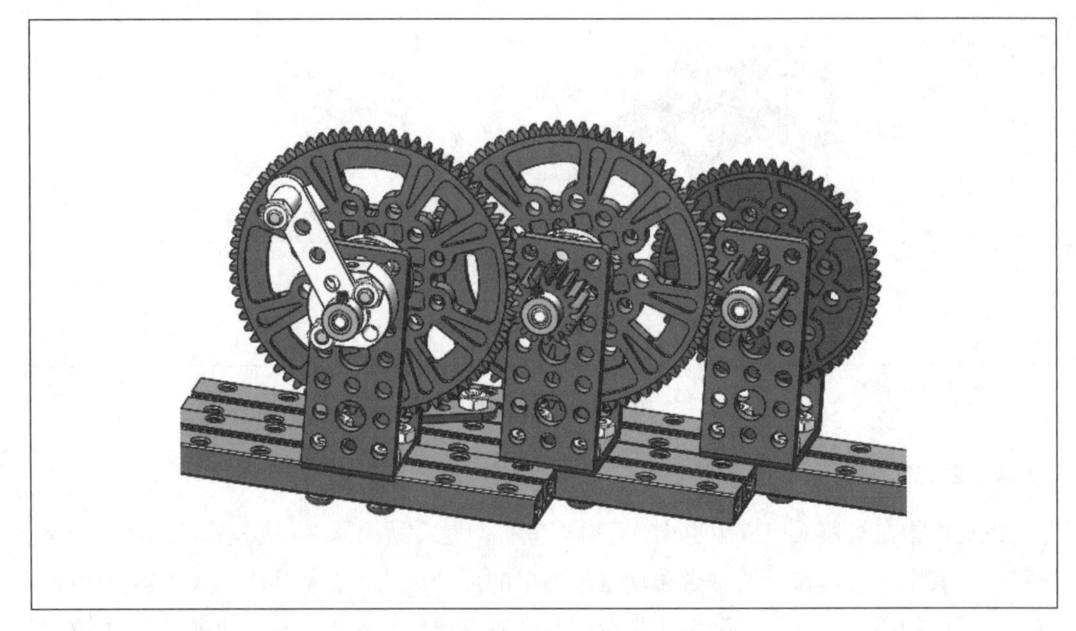

图 2.12　定轴轮系搭建案例

2.3.3　其他机构

1. 带传动机构

带传动机构是利用张紧在带轮上的柔性带进行运动或动力传递的一种机械传动。根据传动原理的不同，可以分为摩擦型带传动和同步带传动。利用带与带轮间的摩擦力传动的，称为摩擦型带传动；利用带与带轮上的齿相互啮合传动的，称为同步带传动。带传动机构可用于传送带、远距离运动传递等场合。

搭建案例：带传动机构搭建案例如图 2.13 所示。

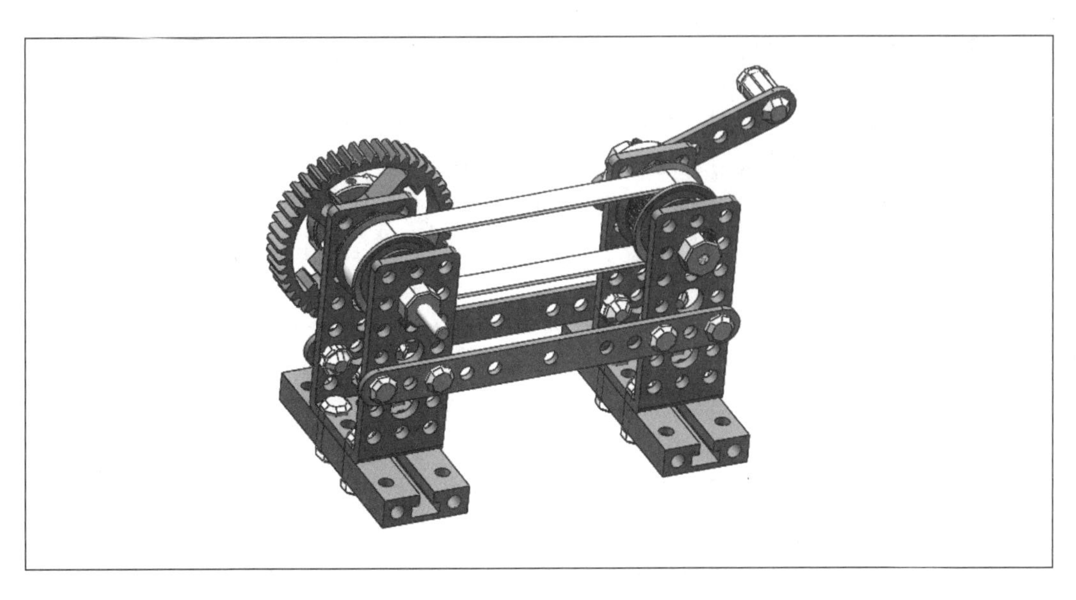

图 2.13　带传动机构搭建案例

2. 棘轮机构

棘轮机构可将连续转动或往复运动转换成单向步进运动。棘轮轮齿通常采用单向齿，棘爪铰接于摇杆上，当摇杆逆时针方向摆动时，驱动棘爪便插入棘轮轮齿以推动棘轮同向转动；当摇杆顺时针方向摆动时，棘爪在棘轮上滑过，棘轮停止转动。棘轮机构可用于间歇送进、制动和超越等场合。

搭建案例：棘轮机构搭建案例如图 2.14 所示。

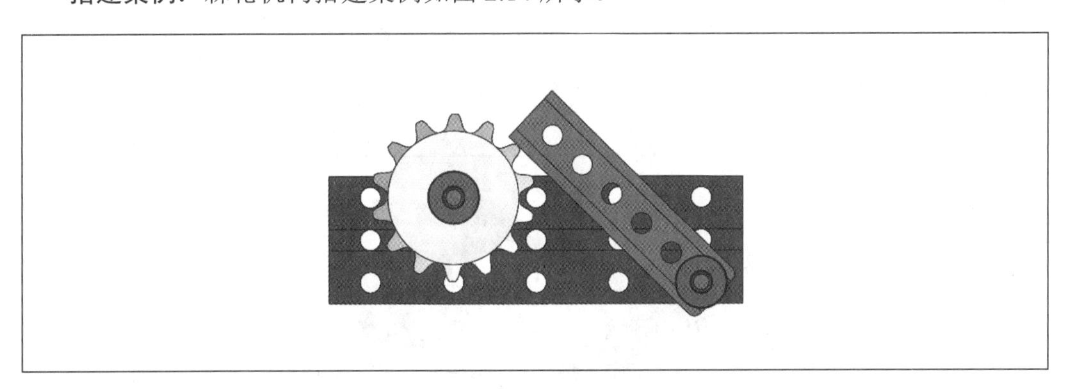

图 2.14　棘轮机构搭建案例

2.4　机器人执行机构

机器人的执行机构是机器人中直接完成具体工作任务的机构，分为直线运动机构、旋转运动机构及其他特殊运动机构。主动轮及从动轮、机器人关节、机械手、机械臂等均属于机器人的执行机构。

2.4.1 主动轮及从动轮模块

主动轮，主要提供输出力，是在引擎（电机）驱动拖动或推动下转动的轮子。

从动轮，主要是被动旋转，是在其他轮子拖动或推动下转动的轮子。

主、从动轮模块主要应用于摩擦轮和万向轮的组合应用。

1. 摩擦轮

摩擦轮能支承车身，并减少不规则路面造成的震荡，如将轮胎套在齿轮上即成摩擦轮。

2. 万向轮

万向轮可在水平面上各个方向滚动，两侧有通孔，可用 M4 螺丝与梁、支架等零件进行连接。

摩擦轮和万向轮组合示意图如图 2.15 所示。

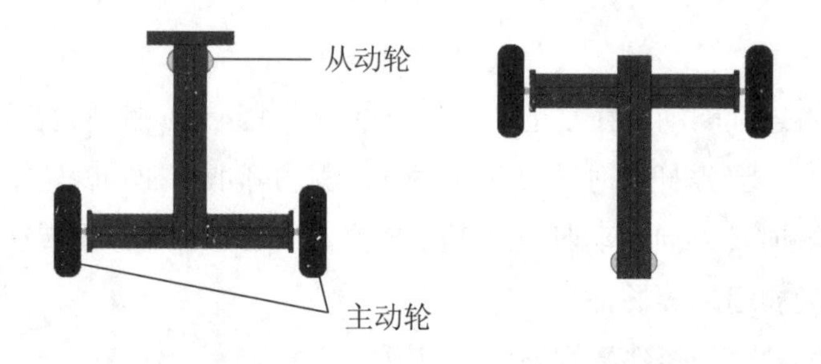

图 2.15 摩擦轮和万向轮组合示意图

搭建案例：摩擦轮和万向轮组合搭建案例如图 2.16 所示。

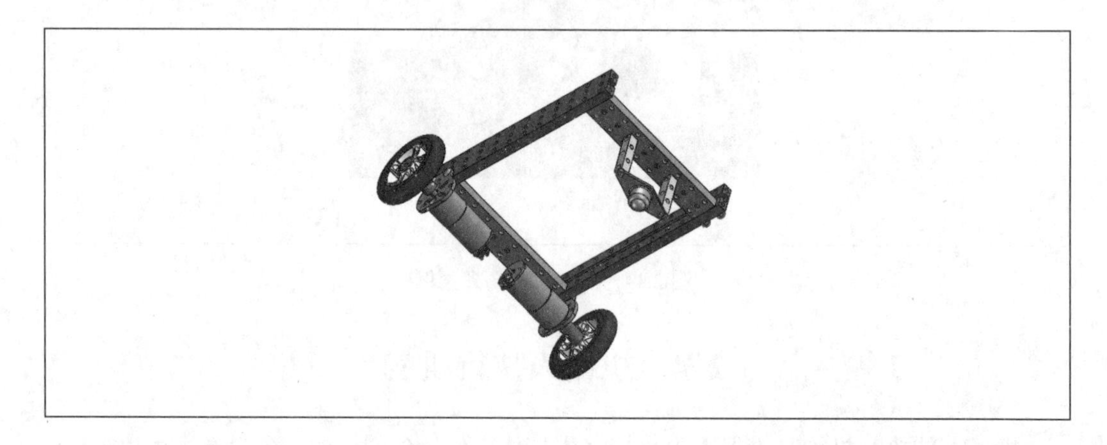

图 2.16 摩擦轮和万向轮组合搭建案例

3. 全向轮

全向轮包括轮毂和从动轮。轮毂的外圆周处均匀开设有3个或3个以上的轮毂齿，每两个轮毂齿之间装设有一从动轮；从动轮的径向方向与轮毂外圆周的切线方向垂直。全向轮可以实现全方位移动。

各类全向轮示意案例图如图2.17所示。

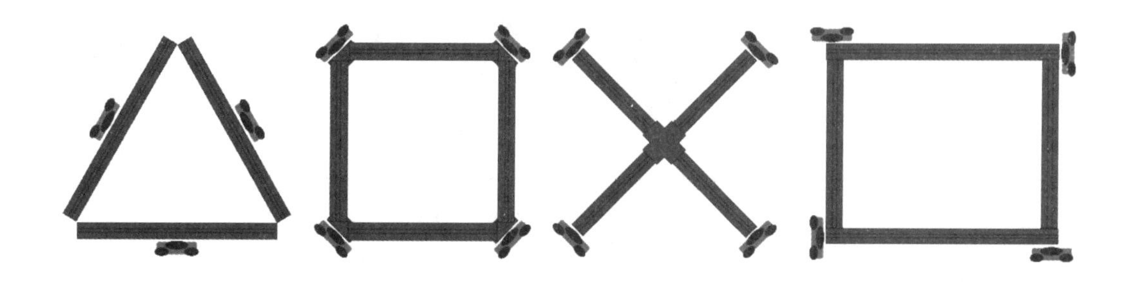

图2.17 各类全向轮示意图

4. 麦克纳姆轮

麦克纳姆轮结构紧凑，运动灵活，可以在任何方向移动，包括*X*轴方向、*Y*轴方向、*XY*平面任意方向，以及绕*Z*轴方向转动等。为更灵活方便地实现全方位移动，一般情况下由四个麦克纳姆轮（两左、两右）配套使用，可以配合360°舵机、编码电机或步进电机使用。

麦克纳姆轮示意图如图2.18所示。

图2.18 麦克纳姆轮示意图

搭建案例：麦克纳姆轮搭建案例如图 2.19 所示。

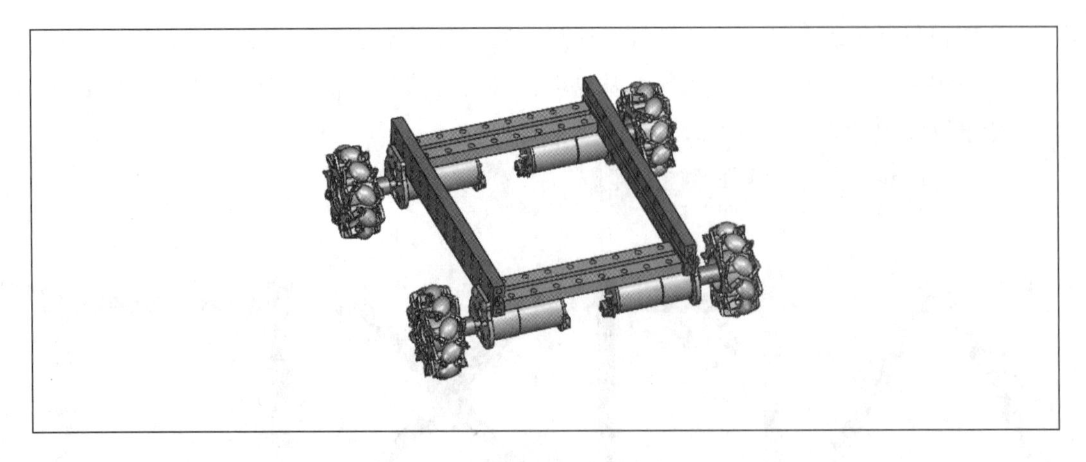

图 2.19　麦克纳姆轮搭建案例

2.4.2　机器人关节模块

机器人关节是运用组件搭建的类似关节形态的机械结构。一个关节一般由一个舵机构成，但是单一舵机只能够实现关节在一个维度上扭转，想要做到类似于人类关节可以在不同维度上扭转，目前还比较难以实现。下面介绍基础关节模块的搭建。

需要的金属材料：舵机、舵机支架、舵盘、螺丝。

组装时将舵机支架与舵机固定在一起，舵机支架连接在机器人主体结构不动的部分，舵盘用螺丝固定在舵机转子上。舵盘与机器人需要转动的部分连接在一起，这样就能让组件实现一维度关节扭转运动。

搭建案例：关节类机器人搭建案例如图 2.20 所示。

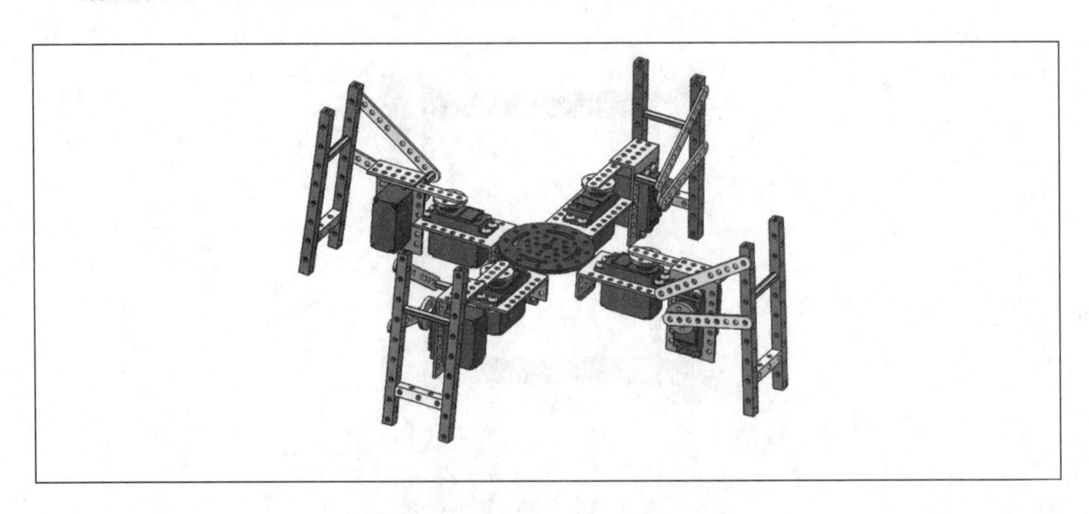

图 2.20　关节类机器人搭建案例

2.4.3　机械手模块

机械手是运用组件搭建类似手部形态的机械结构，可实现简单的物体抓取。

搭建案例：机械手搭建案例如图 2.21 所示。

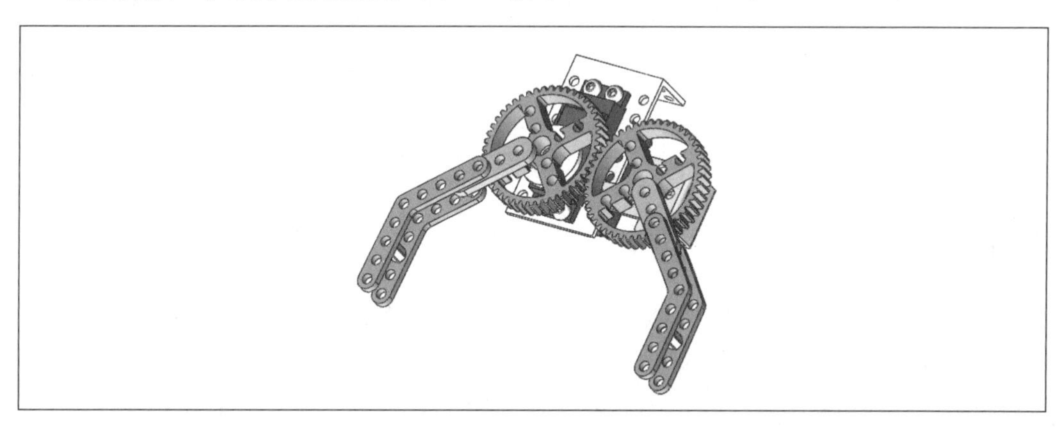

图 2.21　机械手搭建案例

2.4.4　机械臂模块

机械臂是运用组件搭建的类似人类手臂形态的机械结构，搭配机械手模块，可实现不同位置、不同角度的复杂抓取任务。

搭建案例：机械臂搭建案例如图 2.22 所示。

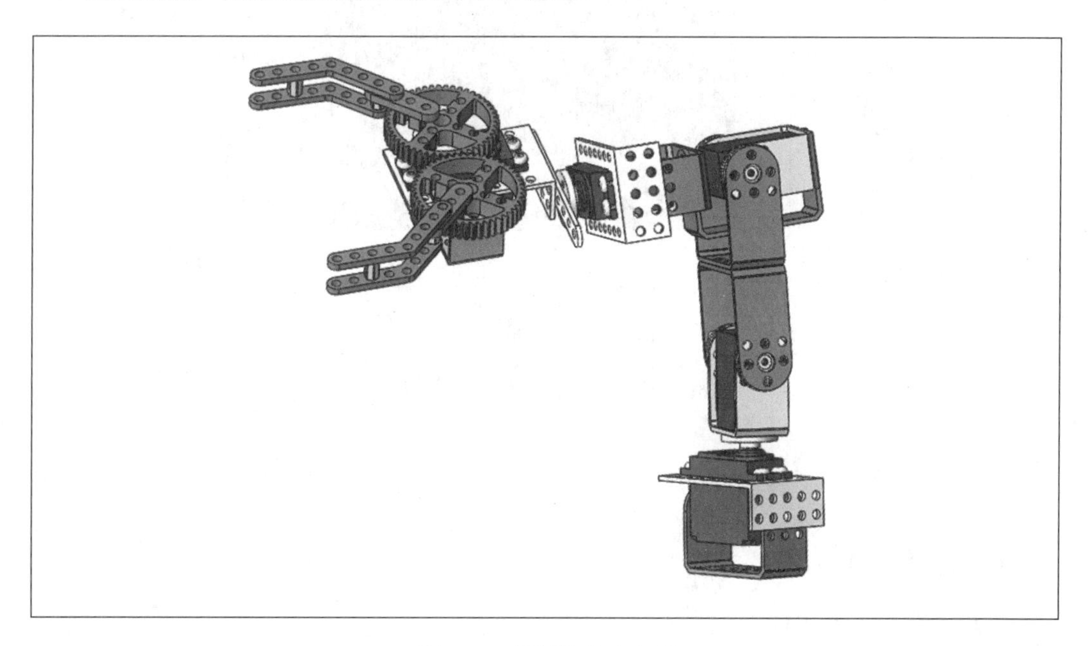

图 2.22　机械臂搭建案例

第3章　机器人电子硬件

3.1　主控板及电池简介

3.1.1　主控板简介

主控板是基于 ATmega328P 的 Arduino 开发板，它有 14 个数字输入/输出（I/O）引脚（其中 6 个可用于 PWM 输出）、6 个模拟输入引脚（ADC），2 个 IIC 接口、2 个电机接口、1 个 Micro-USB 接口和 1 个电源接口。主控板模块端口示意图如图 3.1 所示。

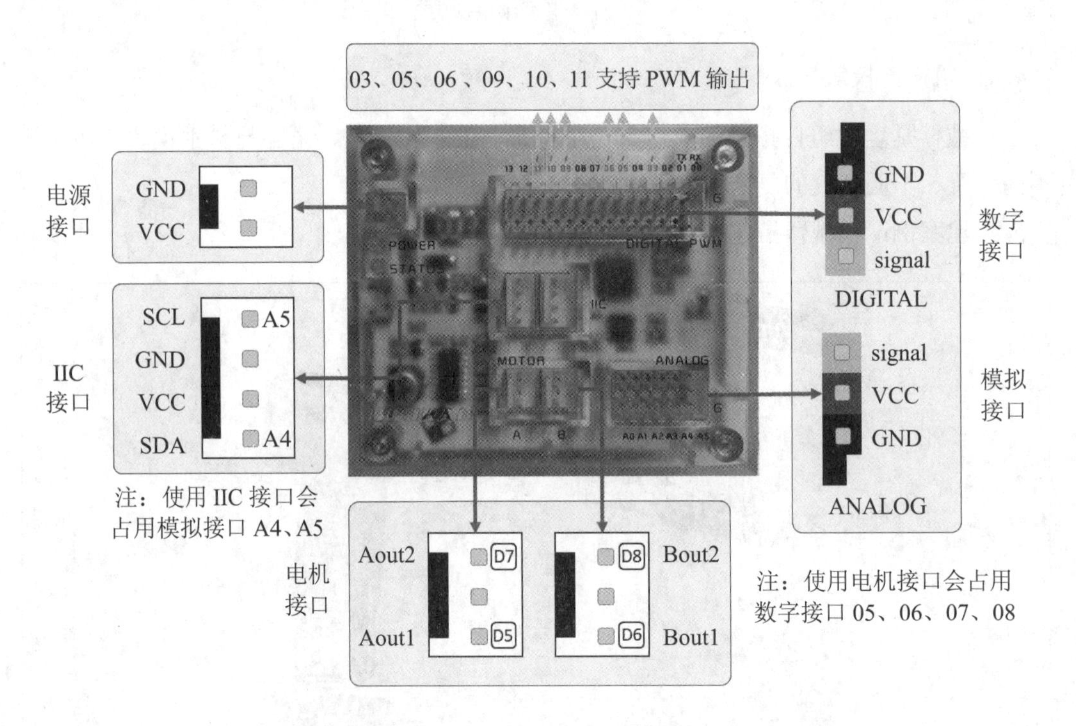

图 3.1　主控板模块端口示意图

1. 主控板参数

主控板参数见表 3.1。

表 3.1 主控板参数

器件名称	参数
微控制器	ATmega328P
工作电压	5 V
数字 I/O 引脚	14 个
PWM 输出引脚	6 个
模拟输入引脚（ADC）	6 个
Flash	32 KB（其中引导程序使用 0.5 KB）
SRAM	2 KB
EEPROM	1 KB
时钟频率	16 MHz

2. 主控板接口说明

主控板接口说明见表 3.2。

表 3.2 主控板接口说明

接口名称	对应引脚
串行接口	00（RX）、01（TX），用于接收和发送串口数据
外部中断	02、03，可以输入外部中断信号。中断信号有四种触发模式：低电平触发、电平改变触发、上升沿触发、下降沿触发
数字接口	00、01、02、03、04、05、06、07、08、09、10、11、12、13，一共 14 个数字输入/输出引脚，用于读取或输出数字信号，可使用 pinMode( )、digitalWrite( ) 和 digitalRead( ) 控制
模拟接口	A0、A1、A2、A3、A4、A5，一共 6 个模拟输入引脚，可使用 analogRead( ) 读取模拟值。每个模拟输入范围为 0～1 023
PWM 接口	03、05、06、09、10、11，一共 6 个 PWM 输出引脚，用于输出 8-bit PWM 波，可使用 analogWrite( ) 控制
SPI 接口	10（SS）、11（MOSI）、12（MISO）、13（SCK），可用于 SPI 通信。可以使用 Arduino 官方提供的 SPI 库操纵
IIC 接口	2 个 IIC 接口，用于连接 IIC 设备，连接 A4（SDA）、A5（SCL），可以使用官方提供的 Wire 库操纵
电机接口	2 个电机接口，用于驱动电机，使用时会占用数字接口 05、06、07、08

3.1.2 电池简介

通过 Micro-USB 充电线进行充电，将电源线连接至电流输出接口给主控板供电，短按电源开关打开电源，长按电源开关关闭电源。电源接口示意图如图 3.2 所示。

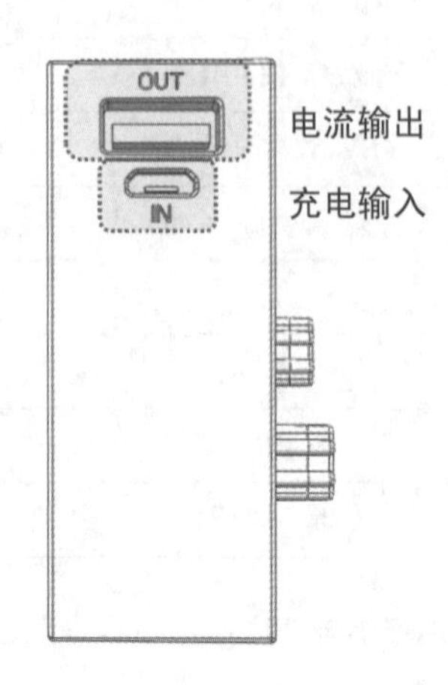

图 3.2　电源接口示意图

3.2 数字传感器功能及原理

数字传感器只能返回 0 或 1，类似一个电源的开或关，所以也称作开关量传感器。对于开关量来说，开关闭合可以认为是“1”，开关断开是“0”，模拟量可以设置临界值量化，小于临界值为“0”，大于等于临界值为“1”。各类数字传感器说明见表 3.3～3.9。

表 3.3　触摸开关模块说明表

模块图示		模块描述	
		触摸开关模块基于电容感应，当人体或金属直接触碰到传感器上的金属面时，就可以被感应到。可通过固定孔固定，制作非常有趣的触摸互动作品，如触摸开门、触摸乐器、触摸开关等	
模块参数		模块引脚	
工作电压	5 V	GND	电源负极
开关模式	点动模式	VCC	电源正极
接口类型	数字接口	OUT	信号线（数字）

表 3.4　自锁开关模块说明

<table>
<tr><td colspan="2">模块图示</td><td colspan="2">模块描述</td></tr>
<tr><td colspan="2"></td><td colspan="2">自锁开关模块是一种常见的按钮开关。在第一次按开关按钮时，开关接通并保持，即自锁；在第二次按开关按钮时，开关断开，同时开关按钮弹出来</td></tr>
<tr><td colspan="2">模块参数</td><td colspan="2">模块引脚</td></tr>
<tr><td>工作电压</td><td>5 V</td><td>GND</td><td>电源负极</td></tr>
<tr><td>开关模式</td><td>点动模式</td><td>VCC</td><td>电源正极</td></tr>
<tr><td>接口类型</td><td>数字接口</td><td>OUT</td><td>信号线（数字）</td></tr>
</table>

表 3.5　按钮模块说明

<table>
<tr><td colspan="2">模块图示</td><td colspan="2">模块描述</td></tr>
<tr><td colspan="2"></td><td colspan="2">按钮模块是最简单的按键模块，具备两种数字信号状态，按下时输出高电平“1”，未按下时输出低电平“0”。按钮模块可广泛应用于门铃、台灯、空调遥控器、电梯、消防报警等场合，通过结合其他模块可实现多种创意</td></tr>
<tr><td colspan="2">模块参数</td><td colspan="2">模块引脚</td></tr>
<tr><td>工作电压</td><td>5 V</td><td>GND</td><td>电源负极</td></tr>
<tr><td>开关模式</td><td>点动模式</td><td>VCC</td><td>电源正极</td></tr>
<tr><td>接口类型</td><td>数字接口</td><td>OUT</td><td>信号线（数字）</td></tr>
</table>

表 3.6　震动传感器模块说明

<table>
<tr><td colspan="2">模块图示</td><td colspan="2">模块描述</td></tr>
<tr><td colspan="2"></td><td colspan="2">震动传感器模块是一种数字式即插即用传感器模块。它可以检测到震动信号，然后输出开关信号到主控板；它能够感知微弱震动信号，可用于制作与震动有关的互动作品，如震动报警器、房屋报警器等</td></tr>
<tr><td colspan="2">模块参数</td><td colspan="2">模块引脚</td></tr>
<tr><td>工作电压</td><td>5 V</td><td>GND</td><td>电源负极</td></tr>
<tr><td>开启时间</td><td>0.1 ms</td><td>VCC</td><td>电源正极</td></tr>
<tr><td>接口类型</td><td>数字接口</td><td>OUT</td><td>信号线（数字）</td></tr>
</table>

表 3.7　磁力传感器模块说明

<table>
<tr><td colspan="2">模块图示</td><td colspan="2">模块描述</td></tr>
<tr><td colspan="2"></td><td colspan="2">磁力传感器模块可用来对磁性材料进行探测，探测范围和磁性强弱有关，具有对磁场敏感、结构简单、体积小、频率响应宽、输出电压变化大和使用寿命长等优点</td></tr>
<tr><td colspan="2">模块参数</td><td colspan="2">模块引脚</td></tr>
<tr><td>工作电压</td><td>5 V</td><td>GND</td><td>电源负极</td></tr>
<tr><td>信号类型</td><td>数字信号</td><td>VCC</td><td>电源正极</td></tr>
<tr><td>接口类型</td><td>数字接口</td><td>OUT</td><td>信号线（数字）</td></tr>
</table>

表 3.8　人体红外传感器模块说明

模块图示		模块描述	
		人体红外传感器模块是一种通过检测人或动物身体发射的红外线而输出电信号的传感器，在我们熟知的楼道自动开关、防盗报警上得到广泛应用。通过结合其他模块，可以实现多种检测人体的传感创意作品	
模块参数		模块引脚	
工作电压	5 V	GND	电源负极
感应角度	110°	VCC	电源正极
接口类型	数字接口	OUT	信号线（数字）

表 3.9　光电传感器模块说明

模块图示		模块描述	
		光电传感器模块由发射器和接收器两部分组成。发射器发出可见光线或不可见光线（红外光），接收器接收对应的光线，通过物体反射光的量来输出对应的信号，可广泛应用于机器人避障、流水线计数以及黑白线循迹等众多场合	
模块参数		模块引脚	
工作电压	5 V	GND	电源负极
信号类型	模拟信号	VCC	电源正极
接口类型	数字/模拟接口	OUT	信号线（数字/模拟）

3.3　模拟传感器功能及原理

模拟传感器能够检测连续的信号。在连续的变化过程中，任何一个取值都是一个具体有意义的物理量，如温度、距离、光强等。对于模拟量来说，可通过对传感器检测范围做不同区域范围划分，实现多状态触发。例如，常规模拟传感器检测范围为 0～1 023，我们可以划分为 0～225、225～511、511～767、767～1 023 四个不同范围，当检测数据满足不同范围时，实现不同状态触发。各类模拟传感器说明见表 3.10～3.19。

表 3.10　光敏传感器模块说明

模块图示		模块描述	
		光敏传感器模块是环境光（可见光）传感器，它对可见光照度的反应特性与人眼的特性类似，可模拟人对环境光线强度的判断，通过光线强度变化，从而实现相关互动应用，如照明控制、屏幕背光控制等	
模块参数		模块引脚	
工作电压	5 V	GND	电源负极
信号类型	模拟信号	VCC	电源正极
接口类型	模拟接口	OUT	信号线（模拟）

表 3.11　声音传感器模块说明

模块图示		模块描述	
		声音传感器模块能感受到声音强度，并将感受到的声音大小转换成相应的模拟信号输出，广泛应用于手机、录音机、声控照明灯、交通干道噪声监测等	
模块参数		模块引脚	
工作电压	5 V	GND	电源负极
信号类型	模拟信号	VCC	电源正极
接口类型	模拟接口	OUT	信号线（模拟）

表 3.12 温度传感器模块说明

模块图示		模块描述	
		温度传感器模块是一款基于 LM35 的半导体温度传感器。LM35 半导体温度传感器是线性温度传感器，其测温范围为 0～100 ℃，灵敏度为 10 mV/℃，输出电压与温度成正比，可以用来对环境温度进行检测	
模块参数		模块引脚	
工作电压	5 V	GND	电源负极
测温范围	0～100 ℃	VCC	电源正极
接口类型	模拟接口	OUT	信号线（模拟）

表 3.13 温湿度传感器模块说明

模块图示		模块描述	
		温湿度传感器模块包括一个电容式感湿元件和一个 NTC 测温元件，具有超快响应、抗干扰能力强等优点。其使用连接方便，可直接插接到主控板上。温湿度传感器精度较高，在对环境温度与湿度测量要求较高的情况下使用，具有极高的可靠性和出色的稳定性。有时与 Arduino 结合使用，可以非常容易实现与温度及湿度感知相关的互动效果	
模块参数		模块引脚	
工作电压	5 V	GND	电源负极
温度范围	0～50 ℃	VCC	电源正极
湿度范围	20%～90% RH	OUT	信号线（模拟）
接口类型	模拟接口	—	—

表 3.14　土壤湿度传感器模块说明

模块图示		模块描述	
		土壤湿度传感器模块可用于检测土壤的水分，当土壤缺水时，传感器输出值将减小，反之将增大。使用这个传感器可制作一款自动浇花装置，让花园里的植物不用人去管理	
模块参数		模块引脚	
工作电压	5 V	GND	电源负极
量程范围	0～300：干燥土壤 300～700：湿润土壤 700～950：放到水中	VCC	电源正极
接口类型	模拟接口	OUT	信号线（模拟）

表 3.15　滑动电位计模块说明

模块图示		模块描述	
		滑动电位计模块的输出为一个电压值，正比于可变电阻器的阻值。由于它在电路中的作用是获得与输入电压（外加电压）成一定关系的输出电压，因此称之为电位器。可用作无极调光、响度调节及相关调节装置	
模块参数		模块引脚	
工作电压	5V	GND	电源负极
阻值范围	0～10 000 Ω	VCC	电源正极
接口类型	模拟接口	OUT	信号线（模拟）

表 3.16　双向摇杆模块说明

模块图示		模块描述	
		双向摇杆模块采用 PS2 摇杆电位器制作，具有 X、Y 轴模拟输出，此模块其实就是一电位器，X、Y 轴的数据输出就是模拟端口读出的电压值。配合主控板或者 Arduino 可以制作遥控器等互动作品	
模块参数		模块引脚	
工作电压	5 V	GND	电源负极
X 轴范围	0～1 023	VCC	电源正极
Y 轴范围	0～1 023	X	信号线（模拟）
接口类型	模拟接口	Y	信号线（模拟）

表 3.17　加速度计模块说明

模块图示		模块描述	
		加速度计模块内部有一个金属薄片，当物体运动产生加速度时，薄片就会弯曲。加速度越大，弯曲程度越大；反之则越小，加速度计就是根据这个原理输出对应信号的。加速度计模块适用于倾斜角度测量，能够进行静态重力加速度检测，同时也适用于运动状态的追踪，测量运动或冲击过程造成的瞬时加速度	
模块参数		模块引脚	
工作电压	5 V	GND	电源负极
角度范围	-90°～90°	VCC	电源正极
接口类型	IIC 接口	SDA	数据信号
—	—	SCL	时钟信号

表 3.18　超声波测距模块说明

<table>
<tr><td colspan="2">模块图示</td><td colspan="4">模块描述</td></tr>
<tr><td colspan="2"></td><td colspan="4">超声波测距模块可提供 2～400 cm 的非接触式距离感测功能，测距精度可达到 3 mm。该模块包括超声波发射器、接收器与控制电路，以及两个可寻址的 LED RGB 灯，可以通过编程来单独控制每个 RGB 的颜色和亮度。可用于实现距离预警、避障小车等相关案例</td></tr>
<tr><td colspan="2">模块参数</td><td colspan="4">模块引脚</td></tr>
<tr><td>工作电压</td><td>5 V</td><td colspan="2">RGB（灯效）</td><td colspan="2">Sonic（测距）</td></tr>
<tr><td>最近测距</td><td>2 cm</td><td>GND</td><td>电源负极</td><td>GND</td><td>电源负极</td></tr>
<tr><td>最远测距</td><td>400 cm</td><td>VCC</td><td>电源正极</td><td>VCC</td><td>电源正极</td></tr>
<tr><td>测量角度</td><td>15°</td><td>Signal</td><td>数据信号</td><td>IN</td><td>数据信号</td></tr>
</table>

表 3.19　颜色识别传感器说明

<table>
<tr><td colspan="2">模块图示</td><td colspan="2">模块描述</td></tr>
<tr><td colspan="2"></td><td colspan="2">颜色识别传感器是一款全彩颜色识别传感器，TCS34725 器件提供红色、绿色、蓝色（RGB）的数组值返回。颜色识别传感器集成在芯片上，并且局部化到颜色感测光电二极管的 IR 阻挡滤波器，使入射光的 IR 光谱分量最小化，并且允许准确地进行颜色测量。可应用于设计相关颜色识别装置</td></tr>
<tr><td colspan="2">模块参数</td><td colspan="2">模块引脚</td></tr>
<tr><td>工作电压</td><td>5 V</td><td>GND</td><td>电源负极</td></tr>
<tr><td>颜色类型</td><td>全彩色</td><td>VCC</td><td>电源正极</td></tr>
<tr><td>数据范围</td><td>0～255</td><td>SDA</td><td>数据信号</td></tr>
<tr><td>接口类型</td><td>IIC 接口</td><td>SCL</td><td>时钟信号</td></tr>
</table>

3.4　机器人远程通信

机器人远程通信主要包括红外通信和蓝牙通信。

3.4.1　红外通信

红外通信是利用近红外波段的红外线作为通信载体，通过红外线在空中的传播来传输数据，它由红外发射器和红外接收器共同完成。在发射端，发送的数字信号经过适当的调制编码后，送入电光变换电路，经红外发射管转变为红外光脉冲发射到空中；在接收端，红外接收器对接收到的红外光脉冲进行光电变换，解调译码后恢复出原信号，调制与解调过程如图 3.3 所示。

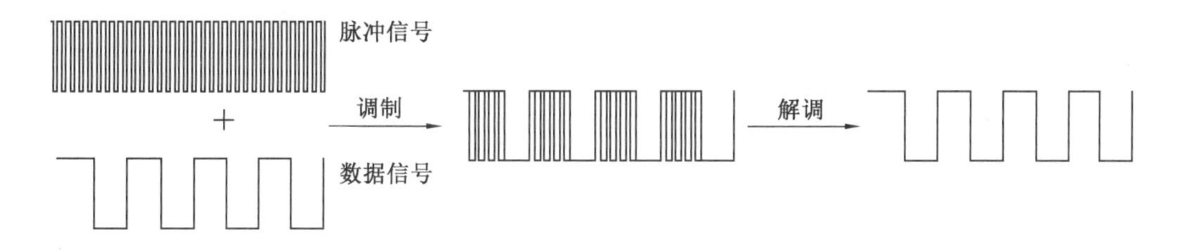

图 3.3　红外通信调制与解调

3.4.2　蓝牙通信

蓝牙模块可以通过串口（SPI、IIC）和 MCU 控制设备进行数据传输。蓝牙是最常见的通信方式，也称为串口透传。如图 3.4 所示，蓝牙可以实现透传或直驱控制功能，主机设备通过通用串口模块与主机端蓝牙模块双向通信，主机端蓝牙模块直接将数据转发给从机端蓝牙模块，从机端蓝牙模块通过通用串口模块输出到从机设备，反之亦然。蓝牙通信中常用元件见表 3.20。

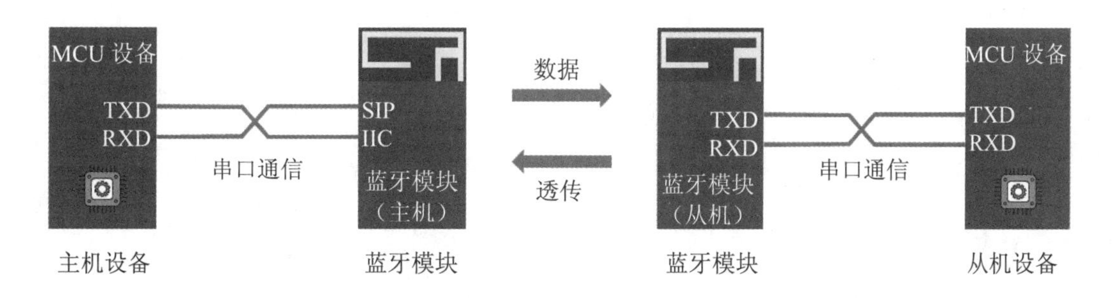

图 3.4　蓝牙串口透传示意图

表 3.20　蓝牙通信中常用元件

通信端	通信元件		
发送端			
接收端			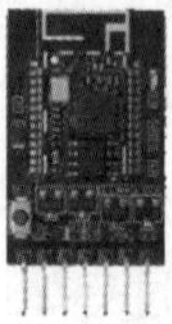

第 4 章　机器人控制软件

4.1　硬件编程环境搭建

4.1.1　串口驱动安装

串口驱动是一种在 USB 转为串口时所用的驱动程序,驱动程序可以到相应网站下载。串口驱动可以让电脑检测到外接设备，从而顺利完成数据读取操作，轻松使用串口转换器实现各种重要操作。

双击已完成下载的程序（程序下载地址见前言部分），点击安装，等待出现“驱动预安装成功！”，点击“确定”完成串口驱动安装。安装步骤如图 4.1 所示。

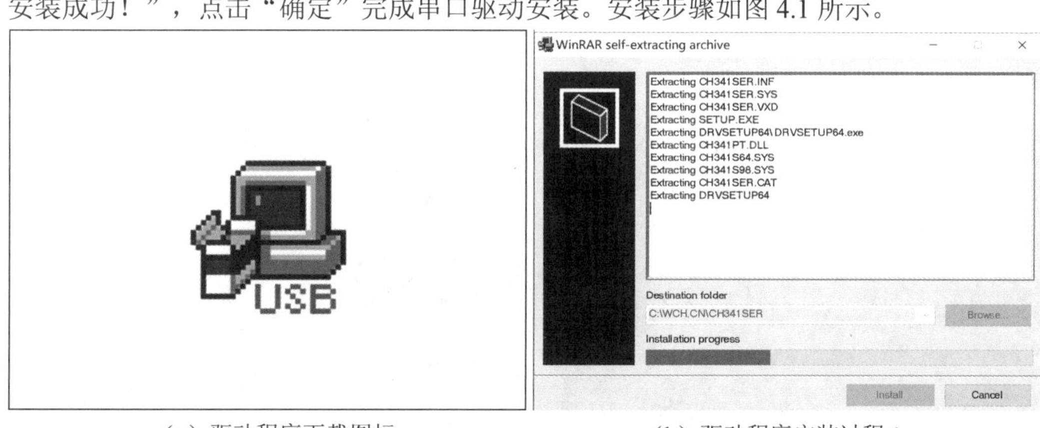

（a）驱动程序下载图标　　（b）驱动程序安装过程 1

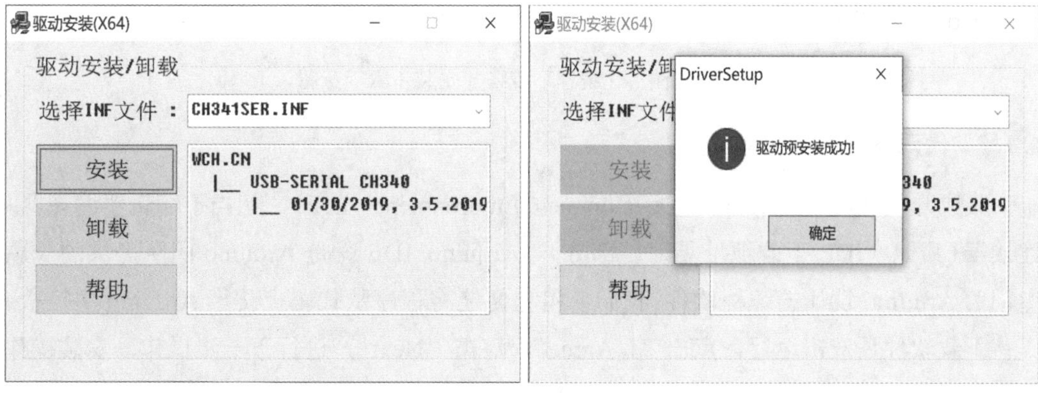

（c）驱动程序安装过程 2　　（d）驱动预安装成功

图 4.1　驱动安装步骤示意图

4.1.2 图形化编程环境搭建

知码狐编程软件是一个图形化编程软件（程序下载地址见前言部分），支持 Arduino、Doubao 控制器等各种开源硬件，只需要拖动图形化程序块即可完成编程。下载并运行安装软件，根据实际情况安装软件，安装过程如图 4.2 所示。

（a）知码狐编程软件下载图标

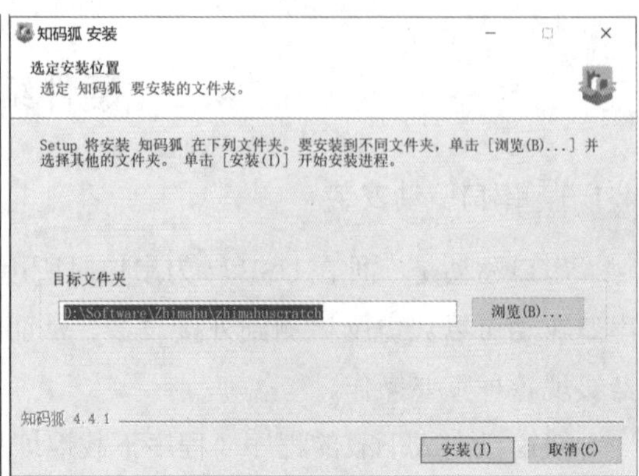

（b）知码狐编程软件安装位置

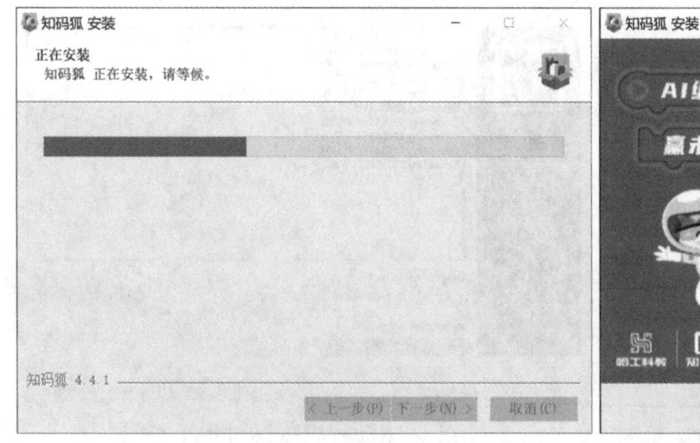

（c）知码狐编程软件正在安装

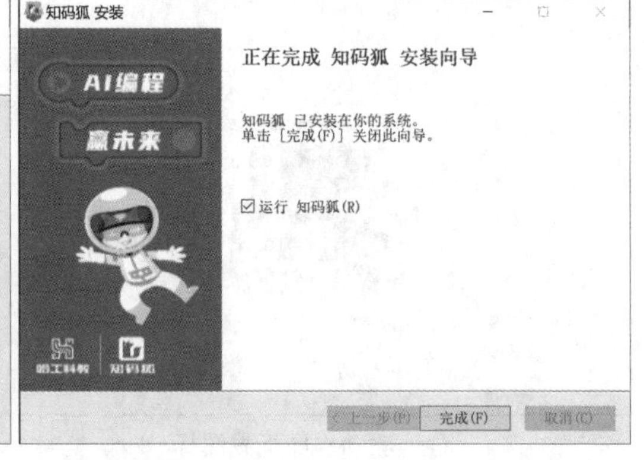

（d）知码狐编程软件安装完成

图 4.2 图形化编程环境搭建安装步骤示意图

4.1.3 代码编程环境搭建

集成开发环境（Integrated Development Environment，IDE），相当于编辑器编译器+连接器+其他（IDE 下载地址见前言部分）。Arduino IDE 就是 Arduino 团队提供的一款专门为 Arduino 设计的编程软件，我们使用它便能将程序从代码上传至 Arduino 主控板。

下载软件后双击运行，点击“I Agree”，点击“Next”，进行下一步操作，安装操作步骤如图 4.3 所示。

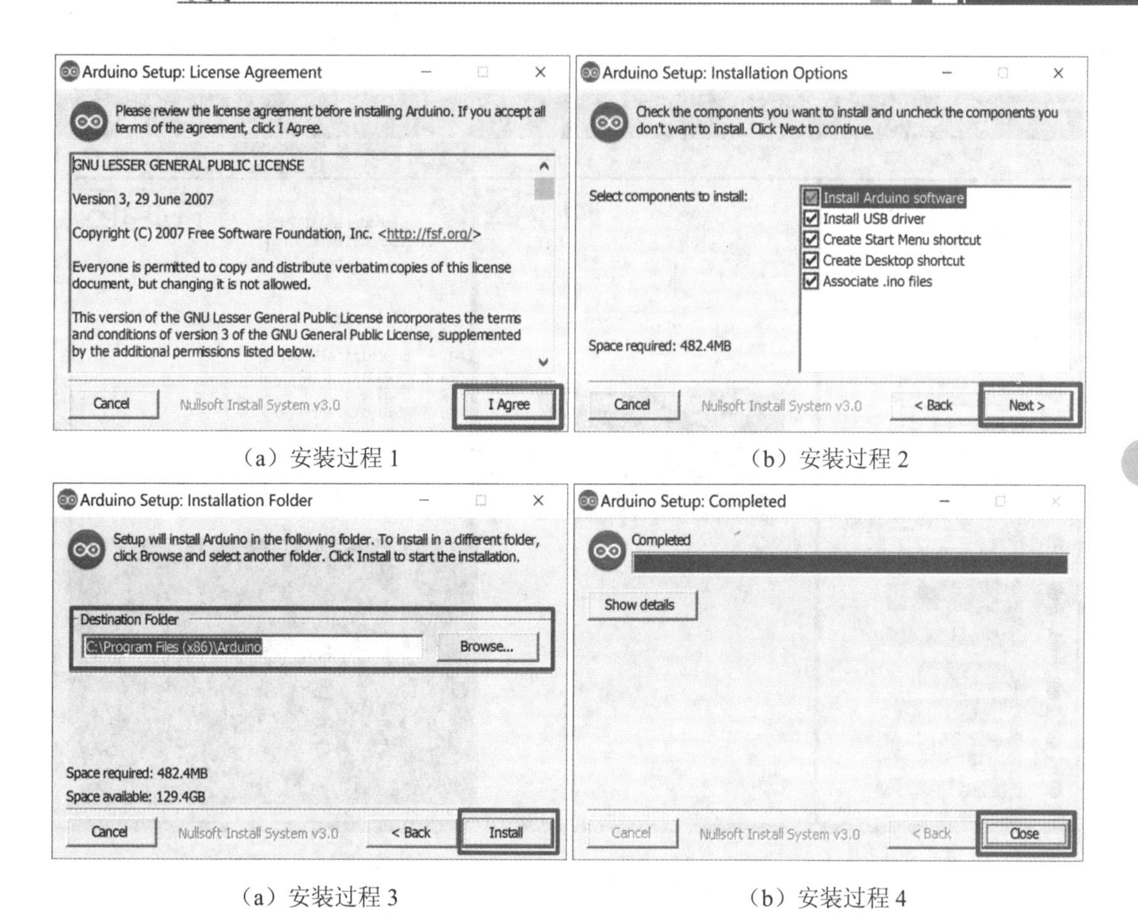

（a）安装过程 1　　（b）安装过程 2

（a）安装过程 3　　（b）安装过程 4

图 4.3　代码编程环境搭建安装步骤示意图

4.2　知码狐编程软件

4.2.1　软件简介

知码狐是一款可视代码编辑器，编辑器使用卡合的图形块来表示代码概念，如变量、逻辑表达式、循环等，使得用户可以不必关注语法细节就能直接按照编程逻辑进行编程。工具栏有验证、下载、串口监视器、iot 助手四个功能按钮，以及撤销编程和回复编程两个操作按钮。界面整体称为工作空间，主要分为三个区域，即积木区、脚本区和代码区，界面如图 4.4 所示。

1. 积木区（Blocks）

积木区是用于存放分类下的积木，不同积木代表不同的功能。积木区可分为两类：一类是基础编程积木块，如控制、逻辑、文本、数学、变量、数组等；另一类是硬件编程积木块，如数字传感器、模拟传感器、执行器、引脚、串口、IOT、通信、存储等。

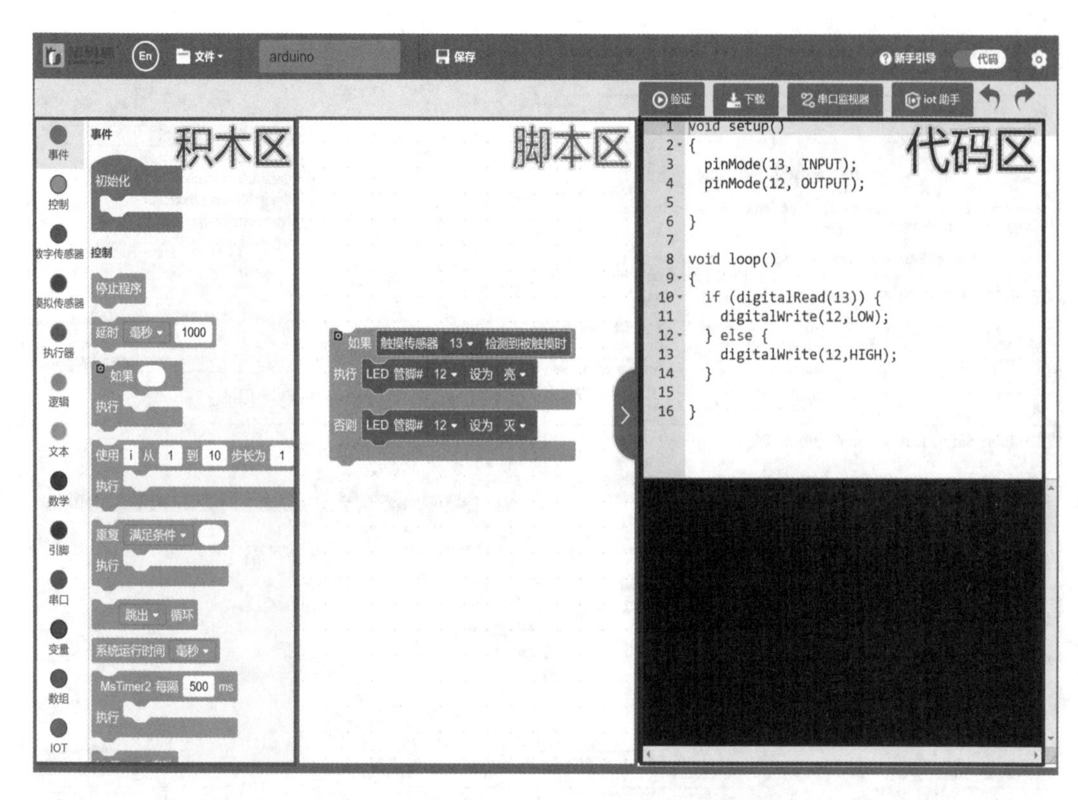

图 4.4　知码狐编程软件编程界面示意图

（注：管脚为软件中叫法，实际教学及生活中使用称为引脚）

2. 脚本区（Scripts）

脚本区是用于编写代码的区域，脚本区的代码（除了初始化代码）会默认放入 loop 循环中。将积木区中的积木拖动到脚本区，积木块形成积木组，积木组即可成为可执行的代码段。编程时，可通过拖动积木块到积木区即可删除积木块，也可通过下载执行代码段到设备，查看对应代码的作用。

3. 代码区（Codes）

代码区会自动生成模块对应的 Arduino 程序，通过复制该程序进入 Arduino IDE 中进行编程及上传等操作。

4. 工具栏按键

图形化编程软件界面按键功能见表 4.1。

表 4.1　图形化编程软件界面按键功能

按键名称	功能简介
验证	用以验证编写程序是否有语法编写错误
下载	编译并且上传程序至主控板
串口监视器	用于监测串口数据，显示在电脑上
iot 助手	用于 iot 模块相关设置和运用

5. 主控板程序下载

使用 USB 下载线连接电脑和主控板，如图 4.5 所示。

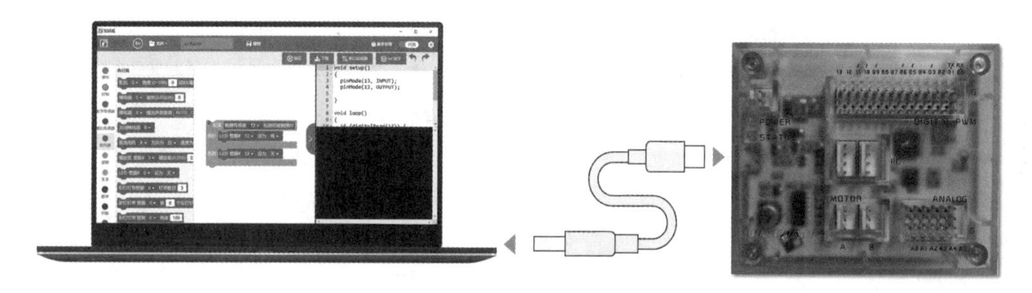

图 4.5　电脑与主控板连接示意图

点击“下载”按钮，选择设备对应的端口，再点击“确认”，等待程序下载完成，如图 4.6 所示。

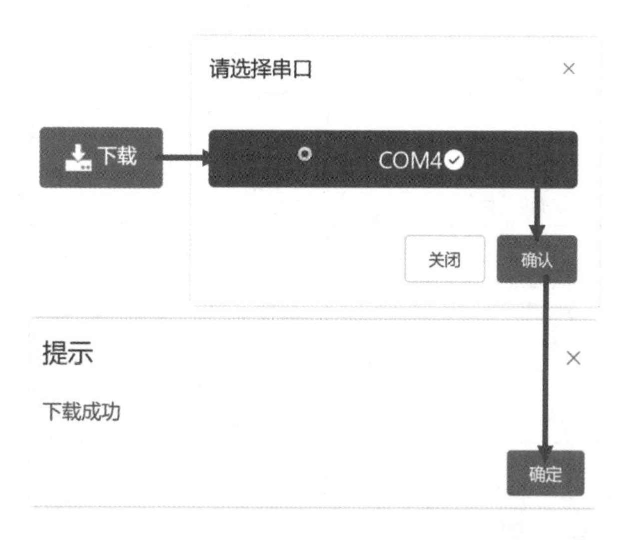

图 4.6　图像化编程软件的主控板程序下载步骤图

6. 串口监视器

串口监视器界面如图 4.7 所示。

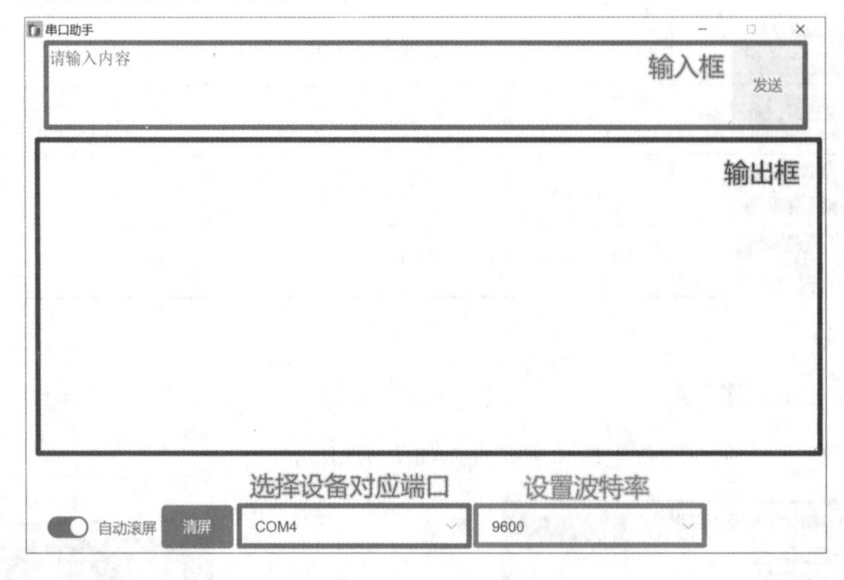

图 4.7　串口监视器界面

4.2.2　基础编程

1. 基础编程积木块

基础编程积木块主要包括控制模块、逻辑模块、文本模块、数字模块、变量模块、数组模块和函数模块。

（1）控制模块。

控制模块说明见表 4.2。

表 4.2　控制模块说明

积　　木	说　　明
停止程序	停止当前程序
延时 毫秒 ▾ 1000	保持原有状态 1 000 毫秒（ms），之后再执行下方程序语句。可点击下拉菜单选择不同延时单位
如果 执行	如果满足某一条件，则执行相应条件下的程序，可通过点击左上角设置，增加“否则”和“否则如果”积木块
使用 i 从 1 到 10 步长为 1 执行	执行特定次数循环以达到重复控制的目的，初始值 i 从 1 开始，每重复执行一次 i 增加一个步长，即增加 1，一直执行到 i 大于 10

续表 4.2

积　　木	说　　明
重复 满足条件 执行 重复 不满足条件 执行	如果满足条件，则重复执行相应条件下的程序语句； 如果不满足条件，则重复执行相应条件下的程序语句
跳出 循环 跳到下一个 循环	跳出循环，跳出当前循环； 跳出循环，跳到下一个循环

简易示例：简易图形化程序示例 1 如图 4.8 所示，按钮开关模块连接在 13 接口、LED 模块连接在 12 接口。

效果示意：按下开关，LED 点亮；松开开关，LED 熄灭。

图 4.8　简易图形化程序示例 1

（2）逻辑模块。

逻辑模块说明见表 4.3。

表 4.3　逻辑模块说明

积　　木	说　　明
= ✓ = ≠ < ≤ > ≥	= 检查两个操作数的值是否相等，如果相等则条件为真
	≠ 检查两个操作数的值是否相等，如果不相等则条件为真
	< 检查左操作数的值是否小于右操作数的值，如果是则条件为真
	≤ 检查左操作数的值是否小于或等于右操作数的值，如果是则条件为真。
	> 检查左操作数的值是否大于右操作数的值，如果是则条件为真
	≥ 检查左操作数的值是否大于或等于右操作数的值，如果是则条件为真

续表 4.3

积　　木	说　　明
且▾ ✓且 或	**且** 逻辑与运算符。如果两个操作数都“真”，则条件为 true
	或 逻辑或运算符。如果两个操作数中有任意一个“true”，则条件为 true
非	**非** 逻辑非运算符。用来逆转操作数的逻辑状态，如果条件为“true”，则逻辑非运算符将使其为 false
真▾ ✓真 假	**真** 对应代码编程中的“true”
	假 对应代码编程中的“false”
空	**空** 对应代码编程中的“NULL”
如果为真 如果为假	参数“1”为条件，参数“2”为结果 1，参数“3”为结果 2，如果条件为真，则返回结果为 1；否则返回结果为 2

简易示例：简易图形化程序示例 2 如图 4.9 所示，按钮开关模块连接在 13 接口，触摸传感器模块连接在 11 接口，LED 模块连接在 12 接口。

效果示意：“按下按钮开关”和“触摸传感器模块被触摸”同时满足，LED 点亮；否则，LED 熄灭。

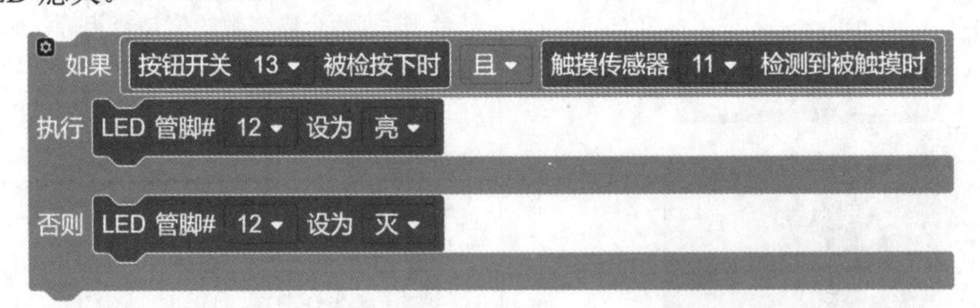

图 4.9　简易图形化程序示例 2

（3）文本模块。

文本模块说明见表 4.4。

表 4.4　文本模块说明

积　　木	说　　明
Hello	字符串常量
Hello 连接 HteRobot	连接字符串或数字并输出字符串，例如连接“1”和“2”则输出字符串“12”；连接“Hello”和“HteRobot”则输出字符串“HelloHteRobot”
转整数 123	将字符串“123”转换为整数
转小数 123	将字符串“123”转换为小数
转ASCII字符 223	将字符串“223”数字转换为 ASCII 字符
转ASCII数值 ' a '	将字符“a”转换为 ASCII 数值
获取长度 hello	获取字符串长度，例如“hello”的字符串长度为 5
hello 获得第 0 个字符	获取字符串索引为 0 的字符，即第一个字符，例如“hello”，获取后是“h”
等于	用于比较两个字符串的内容是否相等，如果给定对象与字符串相等，则返回 true；否则返回 false
开始于	如果字符串以指定的前缀开始，则返回 true；否则返回 false
结尾于	如果字符串以指定的后缀结束，则返回 true；否则返回 false
比较	字符串与对象进行比较，逐个字符比较，直至不等为止，返回该字符的 ASCII 码差值；如果对应字符一样，但字符长度不一样，则返回长度差值
第一次出现 的索引	字符串中第一次出现某字符串的索引
最后一次出现 的索引	字符串中最后一次出现某字符串的索引

简易示例：简易图形化程序示例 3 如图 4.10 所示，打开串口监视器，每 1 000 毫秒（ms）会打印一次文本数据。

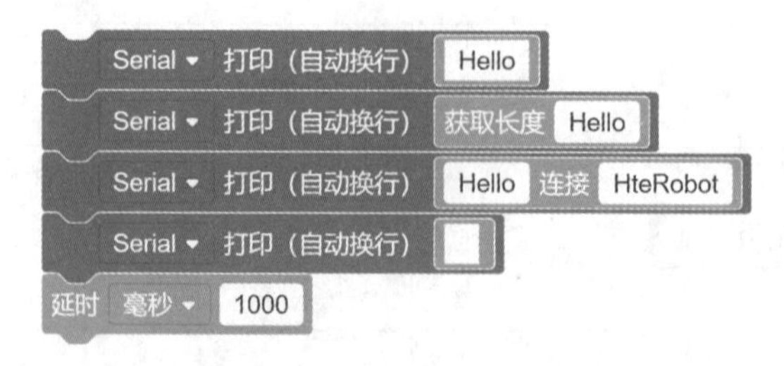

图 4.10　简易图形化程序示例 3

（4）数学模块。

数学模块说明见表 4.5。

表 4.5　数学模块说明

积　木	说　明
0	数字常量包括：整数常量和浮点常量
1 + ▾ 1 + - × ÷ % ^	+ 把两个操作数相加
	− 从第一个操作数中减去第二个操作数
	× 把两个操作数相乘
	÷ 第一操作数除以第二操作数
	% 取模运算符，整除后的余数
	^ 假设第一个操作数为 x，第二个参数为 y，则返回 x 的 y 次方
0 & ▾ 0 & | ^ >> <<	& 按位与操作，按二进制位进行“与”运算
	| 按位或操作，按二进制位进行“或”运算
	^ 按位异或操作，按二进制位进行“异或”运算
	>> 二进制右移运算符。将一个数的各二进制位全部右移若干位：正数左补 0，负数左补 1，右边丢弃
	<< 二进制左移运算符。将一个运算对象的各二进制位全部左移若干位：左边的二进制位丢弃，右边补 0
sin ▾ sin cos tan	数学函数，内置了丰富的数学函数，可对各种数字进行运算，例如 sin、cos、tan 等

续表 4.5

积　　木	说　　明
取整(四舍五入) ▾ 取整(四舍五入) 取整(取上限) 取整(取下限) 取绝对值 平方 平方根	将数值进行取整、取绝对值、平方、平方根等操作
取最大值 ▾ (1 , 2) 取最大值 取最小值	对两个数值进行取最大值或最小值操作

简易示例： 简易图形化程序示例 4 如图 4.11 所示，打开串口监视器，每 1 000 毫秒（ms）会打印一次文本数据。

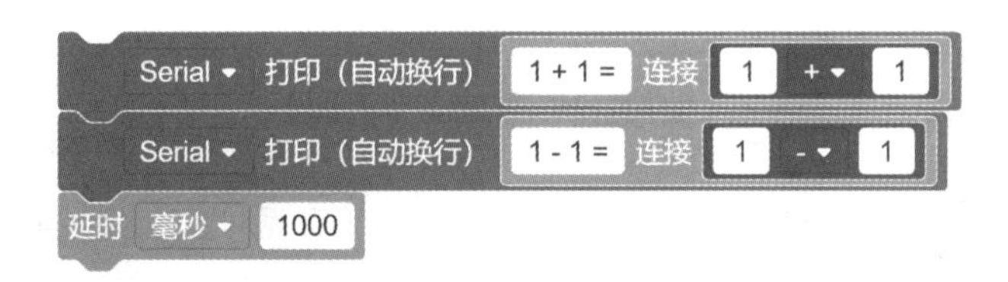

图 4.11　简易图形化程序示例 4

（5）变量模块。

变量模块说明见表 4.6。

表 4.6　变量模块说明

积　　木	说　　明
声明 item 为 整数 ▾ 并赋值	声明一个名为 item 的字符串变量，并给变量赋一个值，变量类型可以是整数、小数、布尔值、字符串等
item	使用 item 变量，返回 item 变量的值
item 赋值为	给 item 变量赋一个值

（6）数组模块。

数组模块说明见表 4.7。

表 4.7　数组模块说明

积　　木	说　　明
整数 ▾ mylist [ ] 初始化数组为	声明一个名为 mylist 的数组，并给数组赋一个值，数组类型可以是整数、小数、布尔值、字符串等
获取长度 mylist	获取数组 mylist 长度，返回数组长度
mylist 的第 1 项	获取数组 mylist 第 1 项的值，返回第 1 项的值
mylist 的第 1 项赋值为	给数组 mylist 中第 1 项元素赋一个值

（7）函数模块。

函数模块说明见表 4.8。

表 4.8　函数模块说明

积　　木	说　　明
procedure 执行	定义一个无返回值的函数 procedure，可点击左上角的“给函数添加输入参数”
procedure 执行 返回 整数 ▾	定义一个有返回值的函数 procedure，可点击左上角的“给函数添加输入参数”
function x	调用无返回值的函数 function，可点击左上角的“给函数增删输入参数”
function x	调用有返回值的函数 function，可点击左上角的“给函数增删输入参数”

简易示例： 简易图形化程序示例 5 如图 4.12 所示，打开串口监视器，会打印 mylist 第 1 项和第 2 项的和。

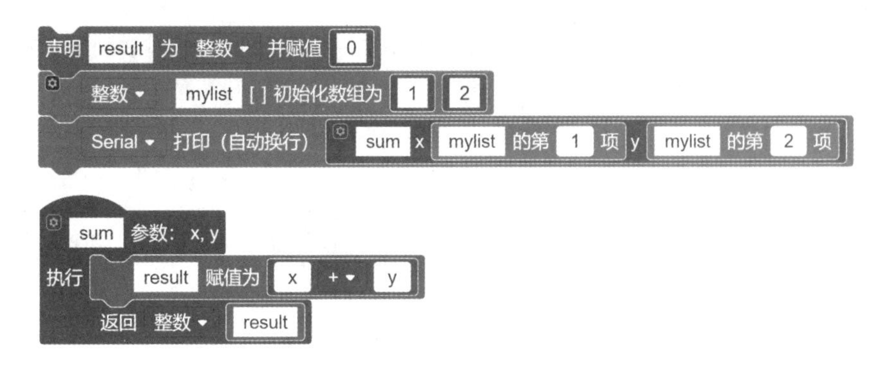

图 4.12　简易图形化程序示例 5

2. 硬件编程积木块

硬件编程积木块包括数字传感器模块、模拟传感器模块、执行器模块、引脚模块和串品模块。

（1）数字传感器模块。

数字传感器模块说明见表 4.9。

表 4.9　数字传感器模块说明

积　　木	说　　明
当触碰开关 0 被按下时	当触碰开关被按下时，返回值为 1；当触碰开关未被按下时，返回值为 0
当光电传感器 0 检测到物体时	当光电传感器检测到物体时，返回值为 1；当光电传感器未检测到物体时，返回值为 0
当人体红外传感器 0 检测到人体时	当人体红外传感器检测到人体时，返回值为 1；当人体红外传感器未检测到人体时，返回值为 0
当震动开关 0 检测到震动时	当震动开关检测到震动时，返回值为 1；当震动开关未检测到震动时，返回值为 0
触摸传感器 0 检测到被触摸时	当触摸传感器检测到被触摸时，返回值为 1；当触摸传感器未检测到被触摸时，返回值为 0
按钮开关 0 被检按下时	当按钮开关被按下时，返回值为 1；当按钮开关未被按下时，返回值为 0
自锁开关 0 按下时	当自锁开关被按下时，返回值为 1；当自锁开关未被按下时，返回值为 0
磁力传感器 0 检测磁力时	当磁力传感器检测到磁力时，返回值为 1；当磁力传感器未检测到磁力时，返回值为 0
读取手柄按键是否被按下 上键	需要搭配蓝牙模块和蓝牙手柄使用，检测对应蓝牙手柄按键是否被按下，被按下，返回值为 1，否则为 0

简易示例：简易图形化程序示例 6 如图 4.13 所示，按钮开关模块连接在 13 接口，LED 模块连接在 12 接口。

效果示意：按下开关，LED 点亮；松开开关，LED 熄灭。

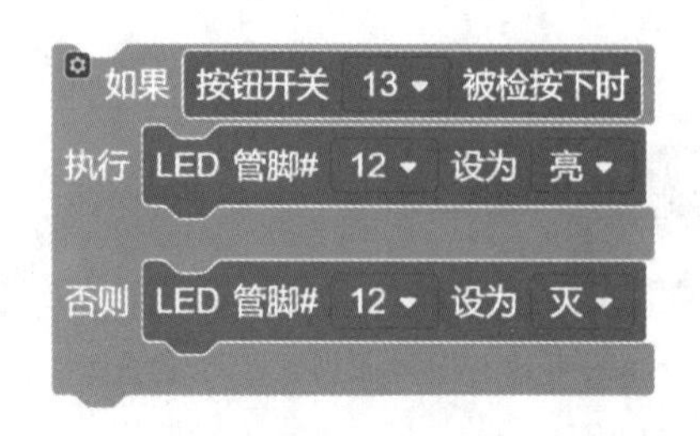

图 4.13　简易图形化程序示例 6

如图 4.14 所示，常规数字传感器也可以直接使用引脚模块中的数字输入模块（见引脚模块），直接读取数字传感器检测输入的数值。常规数字传感器模块连接在 13 接口，打开串口监视器，会打印常规数字传感器当前状态值。

Serial 打印（自动换行） 数字输入 管脚# 13

图 4.14　常规数字传感器使用串口监视器示例

（2）模拟传感器模块。

模拟传感器模块说明见表 4.10。

表 4.10　模拟传感器模块说明

积　木	说　明
光敏传感器 A0 获取光照强度值	返回光敏传感器当前获取光照强度模拟值
拾音传感器 A0 获取到音量的值	返回拾音传感器当前获取声音音量模拟值
灰度传感器 A0 获取灰度的值	返回灰度传感器当前获取灰度模拟值
IMU(加速度计)获取 X 轴的加速度值	返回加速度计当前获取 X 轴加速度值，可调节模块获取值为 X、Y、Z，分别获取不同轴的参数
IMU(加速度计)获取 X 轴的角度	返回加速度计当前获取 X 轴角度值，可调节模块获取值为 X、Y，分别获取不同轴参数
火焰传感器 A0 获取的火焰强度	返回火焰传感器当前获取火焰强度模拟值
MQ2气体传感器 A0 获取气体浓度值	返回 MQ2 气体传感器当前获取可燃气体或烟雾浓度模拟值

续表 4.10

积　　木	说　　明
土壤湿度传感器 A0 ▾ 获取湿度值	返回土壤湿度传感器当前获取湿度模拟值
滑动电位计 A0 ▾ 获取电位计模拟值	返回滑动电位计当前获取电位计模拟值
颜色识别传感器 蓝色 ▾	返回颜色识别传感器当前获取颜色模拟值（0～255），可调节模块获取值为蓝色、绿色、红色，分别获取 RGB 色彩空间的不同值
获取摇杆 A0 ▾ 方向的模拟值	返回摇杆当前获取方向模拟值，摇杆有两个方向，需连接在两个不同的模拟端口进行检测
超声波 A0 ▾ 到前方障碍物距离	返回超声波当前获取前方障碍物距离
温湿度一体传感器 0 ▾ 获取 温度 ▾ 值	返回温湿度一体传感器当前获取温度值，可调节模块获取值为温度或湿度，分别获取不同参数
温度传感器 A0 ▾ 的温度值	返回温度传感器当前获取温度值
检测 右边摇杆X轴 ▾ 的模拟值	需要搭配蓝牙模块和蓝牙手柄使用，检测对应蓝牙手柄摇杆方向模拟值

（3）执行器模块。

执行器模块说明见表 4.11。

表 4.11　执行器模块说明

积　　木	说　　明
蜂鸣器 0 ▾ 频率(0-65535) 0	控制蜂鸣器以一固定频率发声
蜂鸣器 0 ▾ 播放声音音调 NOTE_C3 ▾	控制蜂鸣器播放特定声音音调
关闭蜂鸣器 0 ▾	关闭蜂鸣器
舵机 0 ▾ 角度 (0~180) 0 延时(毫秒) 0	控制舵机转动到指定角度并延时指定时间
直流电机 A ▾ 方向为 反 ▾ 速度为(0-255) 0 转速	控制直流电机向指定方向以指定速度旋转

续表 4.11

积　　木	说　　明
伺服电动机 0▾ 方向为 反▾ 速度为(0-255) 0 [①]	控制伺服电机向指定方向以指定速度旋转
螺旋桨 管脚# 3▾ 螺旋桨(0-255) 0	控制螺旋桨或者风扇模块向固定方向以指定速度旋转
LED 管脚# 0▾ 设为 灭▾	控制 LED 灯亮和灯灭
继电器模块 0▾ 打开▾	控制继电器模块打开或关闭
OLED设置字体大小 4	设置 OLED 屏幕显示字体大小
OLED设置坐标 X 0 Y 0	设置 OLED 屏幕文本开始显示坐标位置
OLED在显示字符串 hello	设置 OLED 屏幕显示文本，支持字母和数字
OLED刷新	刷新显示 OLED 屏幕内容
OLED清屏	清除 OLED 屏幕内容

注：①伺服电动机为软件中叫法，正常应称为伺服电机。

简易示例：执行器使用示例如图 4.15 所示。LED 模块连接在 13 接口，OLED 屏幕通过四芯数据线连接在 IIC 接口。LED 模块被点亮，OLED 模块显示字符和数字。

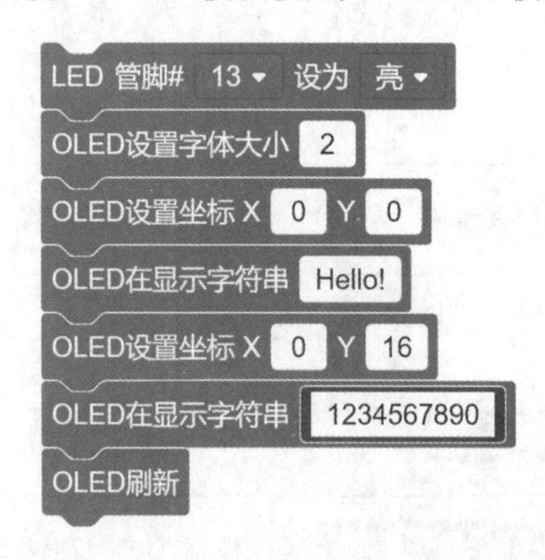

图 4.15　执行器使用示例

（4）引脚模块。

引脚模块说明见表 4.12。

表 4.12　引脚模块说明

积　　木	说　　明
数字输出 管脚# 0 设为 高	控制数字输出引脚设为高电平或者低电平
数字输入 管脚# 0	读取指定引脚的值，HIGH 或 LOW（1 或 0）
模拟输出 管脚# 3 赋值为 0	控制引脚输出模拟值（PWM），可用于让 LED 以不同的亮度点亮或驱动电机以不同的速度旋转
模拟输入 管脚# A0	读取指定引脚模拟值（0～5 V 电压映射到 0～1 023）

（5）串口模块。

串口模块说明见表 4.13。

表 4.13　串口模块说明

积　　木	说　　明
Serial 波特率 9600	设置串口波特率
Serial 原始输出	串口打印原始数据，字符数据
Serial 打印	串口打印数据，字符数据
Serial 打印（自动换行）	串口打印数据并自动换行
Serial 打印（16进制/自动换行）	串口打印数据并自动换行，格式为 16 进制
Serial 有数据可读吗?	如果串口有数据可读，返回值为 1，否则为 0
Serial 读取字符串	从设备接收到的数据中读取信息，读取到的信息将以字符串格式返回
Serial 读取字符串直到 a	从设备接收到的数据中读取信息，当读取到指定终止字符，则停止函数执行并返回，返回信息为字符串格式
Serial read	串口中可读取数据的第一个字节（如果没有可读取的数据则返回-1），返回值为整数型，返回值内容是读取到数据的 ASCII 代码

简易示例：串口模块使用示例如图 4.16 所示，LED 模块连接在 12 接口，按键模块连接在 13 接口，滑动电位计连接在 A0 接口。LED 模块被点亮，串口监视器分别打印 13 引脚和 A0 引脚检测数据。

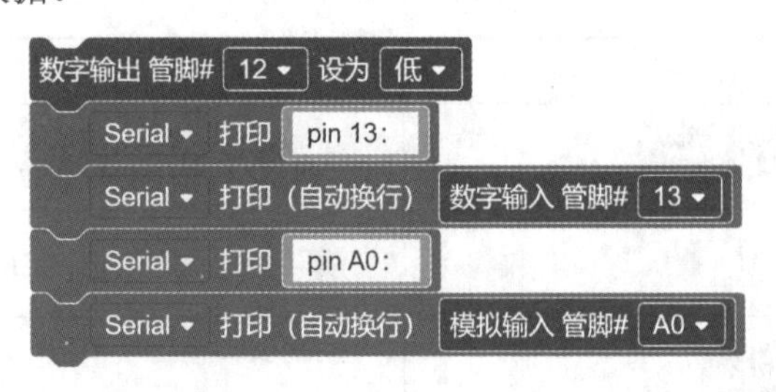

图 4.16 串口模块使用示例

4.3 Arduino IDE 软件

4.3.1 软件简介

Arduino 集成开发环境（Arduino IDE）界面包含文本菜单栏、带有常用功能按钮的工具栏、用于写代码的文本编辑区和用于显示信息的消息区，如图 4.17 所示。电脑连接 Arduino 之后，能给所连接的主控板上传程序，还能与主控板相互通信。

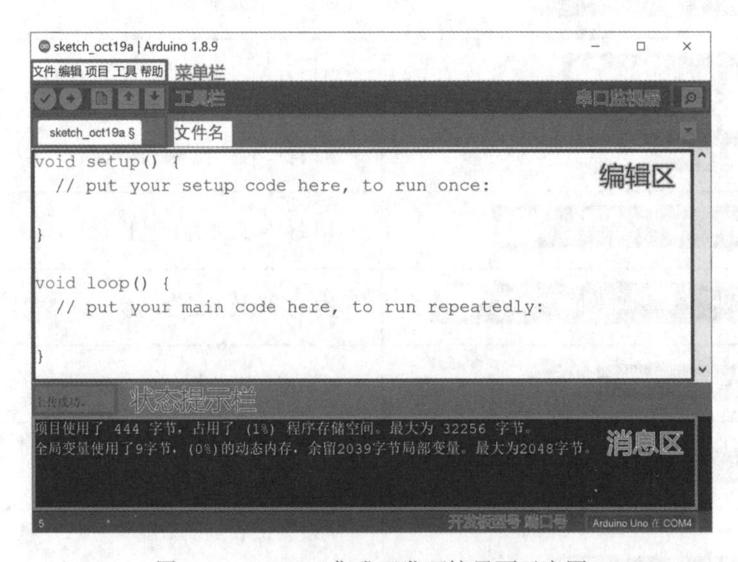

图 4.17 Arduino 集成开发环境界面示意图

1. 菜单栏

菜单栏包含五个部分：文件、编辑、项目、工具、帮助。这些菜单是与执行的操作内容有关的，所以只有与当前操作有关的菜单才能使用。

2. 工具栏

工具栏包含验证、上传程序、新建、打开、保存及串口监视器按钮，Arduino IDE 界面按钮说明见表 4.14。

表 4.14 Arduino IDE 界面按钮说明

按键	功能	功能简介
	验证	检查代码编译时的错误
	上传	编译代码并且上传到选定的控制板中
	新建	创建一个新的项目
	打开	弹出一个包含项目文件夹中所有项目的菜单，选择其中一个会打开相应的代码，新项目会覆盖当前项目
	保存	保存当前项目
	串口监视器	打开串口监视器

3. 编辑区

使用 Arduino 软件（IDE）编写的代码被称为项目（sketches），项目写在文本编辑器中，以.ino 的文件形式保存，软件中的文本编辑器有剪切/粘贴和搜索/替换功能。

4. 消息区

当保存、输出以及出现错误时消息区会显示反馈信息，会以文字形式显示 Arduino 软件（IDE）的输出信息，包括完整的错误信息以及其他消息。整个窗口的右下角会显示当前选定的控制板和串口信息。

4.3.2 基础编程

1. 项目结构

（1）setup( )函数。

Arduino 控制器通电或复位后，即会开始执行 setup( )函数中的程序，该部分只会执行一次。通常我们会在 setup( )函数中完成 Arduino 的初始化设置，如配置 I/O 接口状态、初始化串口等操作。

（2）loop( )函数。

在 setup( )函数中的程序执行完后，Arduino 会接着执行 loop( )函数中的程序。而 loop( )函数是一个死循环，其中的程序会不断地重复运行。通常我们会在 loop( )函数中完成程序的主要功能，如驱动各种模块、采集数据等。

参考代码：【程序结构】点亮一个 LED 灯。

```
// 给 13 号引脚连接的设备设置一个别名“led”
int led = 13;
// 在 Arduino 主控板启动或者复位重启后，setup 部分的程序只会运行一次
void setup( )
{
  // 将“led”引脚设置为输出状态
  pinMode(led, OUTPUT);
}
// setup 部分程序运行完后，loop 部分的程序会不断地重复运行
void loop( )
{
  digitalWrite(led, LOW);          // 点亮 LED
  delay(1000);                     // 等待 1 000 ms
  digitalWrite(led, HIGH);         // 通过将引脚电平拉高，关闭 LED
  delay(1000);                     // 等待 1 000 ms
}
```


2. 数字输入输出

（1）pinMode（pin，mode）函数。

在使用输入或输出功能前，需要先通过 pinMode( )函数配置引脚的模式为输入模式或输出模式。

参数：pin 为指定配置的引脚编号，参数 mode 为指定的配置模式，通常可用模式有三种：INPUT 输入模式、OUTPUT 输出模式、INPUT_PULLUP 输入上拉模式。

（2）digitalWrite（pin，value）函数。

在【程序结构】程序中使用到了 pinMode（13，OUTPUT），即是把 13 号引脚配置为输出模式。配置成输出模式后，还需要使用 digitalWrite( )使其输出高电平或者是低电平。

参数：pin 为指定输出的引脚编号，参数 value 为指定输出的电平，使用 HIGH 指定输出高电平，或是使用 LOW 指定输出低电平。

（3）digitalRead（pin）函数。

在使用输入或输出功能前，需要先通过 pinMode( )函数配置引脚的模式为输入模式或输出模式。

参数：pin 为指定读取状态的引脚编号，返回值为获取到的信号状态，1 为高电平，0 为低电平。

参考代码：【数字输入输出】。

```
/*
// 通过 2 号引脚连接的按键，控制 13 号引脚连接的 LED
*/
// 设置各引脚别名
const int buttonPin = 2;          // 连接按键的引脚
const int ledPin = 13;            // 连接 LED 的引脚
// 变量定义
int buttonState = 0;              // 存储按键状态的变量
void setup( )
{
  // 初始化 LED 引脚为输出状态
  pinMode(ledPin, OUTPUT);
  // 初始化按键引脚为输入状态
  pinMode(buttonPin, INPUT);
}
void loop( )
{
  // 读取按键状态并存储在变量中
  buttonState = digitalRead(buttonPin);
  // 检查按键是否被按下
  // 如果按键按下，则 buttonState 应该为高电平
  if (buttonState == HIGH)
  {
    digitalWrite(ledPin, LOW);    // 点亮 LED
  }
  else
  {
    digitalWrite(ledPin, HIGH);   // 熄灭 LED
  }
}
```

3. 模拟输入输出

（1）analogWrite（pin，value）函数。

使用 analogWrite( )函数实现 PWM 输出功能。在 Arduino Uno 中，提供 PWM 功能的引脚为 3、5、6、9、10、11。在 analogWrite( )和 analogRead( )函数内部，已经完成了引脚的初始化，因此不用在 setup( )函数中进行初始化操作。

参数：pin 是指定要输出 PWM 波的引脚，参数 value 是 PWM 的脉冲宽度，范围为 0～255。

（2）analogRead（pin）函数。

模拟输入引脚是带有模数转换器（Analog-to-Digital Converter，ADC）功能的引脚。它可以将外部输入的模拟信号转换为芯片运算时可以识别的数字信号，从而实现读入模拟值的功能，模拟输入功能需要使用 analogRead( )函数。

参考代码：【模拟输出】。


```
/*
通过 analogWrite( ) 函数实现呼吸灯效果
*/
int ledPin = 9;                    // LED 连接在 9 号引脚上

void setup( )
{
  // setup 部分不进行任何处理
}

void loop( )
{
  // 从亮到暗，以每次加 5 的形式逐渐暗下来
  for(int fadeValue = 0 ; fadeValue <= 255; fadeValue +=5)
{
    // 输出 PWM
    analogWrite(ledPin, fadeValue);
    // 等待 30 ms，以便观察到渐变效果
    delay(30);
  }
  // 从暗到亮，以每次减 5 的形式逐渐亮起来
  for(int fadeValue = 255 ; fadeValue >= 0; fadeValue -=5)
  {
    // 输出 PWM
    analogWrite(ledPin, fadeValue);
    // 等待 30 ms，以便观察到渐变效果
    delay(30);
  }
}
```

参考代码：【模拟输入】。

```
/*
通过 analogRead( ) 函数读取滑动电位计值
*/
void setup( )
{
  // 初始化串口
  Serial.begin(9600);
}
void loop( )
{
// 读出当前光线强度，并输出到串口显示
  int sensorValue = analogRead(A0);
  Serial.println(sensorValue);
  delay(1000);
}
```


4. 高级输入输出

（1）tone（pin，frequency，duration）函数。

tone( )主要用于 Arduino 连接蜂鸣器或扬声器发声，可以让指定引脚产生一个占空比为 50%的指定频率的方波。

参数：pin 为需要输出方波的引脚；frequency 为输出的频率；duration 为方波持续的时间，单位毫秒（ms）。如果没有该参数，Arduino 将持续发出设定的音调，直到改变发声频率或者使用 noTone( )函数停止发声。

（2）noTone（pin）函数。

noTone( )用于停止指定引脚上的方波输出。

参数：pin 为需要停止方波输出的引脚

（3）pulseIn（pin，value，timeout）函数。

检测指定引脚上的脉冲信号宽度。例如，当要检测高电平脉冲时，pulseIn( )会等待指定引脚输入的电平变高，当变高后开始记时，直到输入电平变低，停止计时。pulseIn( )函数会返回这个脉冲信号持续的时间，即这个脉冲的宽度。

参数：pin 为需要读取脉冲的引脚；value 为需要读取的脉冲类型，HIGH 或 LOW；timeout 为超时时间，单位微秒，数据类型为无符号长整型，默认 1 s。

返回值：返回脉冲宽度，单位微秒，数据类型为无符号长整型。如果在指定时间内没有检测到脉冲，则返回 0。

参考代码：【高级输出：tone( )】 蜂鸣器播放曲子。

```
// 记录曲子的音符
// NOTE_C4, NOTE_G3,NOTE_G3, NOTE_A3, NOTE_G3,0, NOTE_B3, NOTE_C4
int melody[ ] = {262,196,196,220,196,247,262};
// 音符持续时间 4 为四分音符，8 为八分音符
int noteDurations[ ] = {4, 8, 8, 4,4,4,4,4 };

void setup( )
{
  // 遍历整个曲子的音符
  for (int thisNote = 0; thisNote < 8; thisNote++)
{

// noteDurations[ ]数组中存储的是音符的类型
// 我们需要将其换算为音符持续时间，方法如下：
    // 音符持续时间=1 000 ms / 音符类型
    // 例如，四分音符=1 000 / 4，8 分音符= 1 000/8
    int noteDuration = 1 000/noteDurations[thisNote];
    tone(8, melody[thisNote],noteDuration);

    // 为了能辨别出不同的音调，需要在两个音调间设置一定的延时
    // 增加 30%延时时间是比较合适的
    int pauseBetweenNotes = noteDuration * 1.30;
    delay(pauseBetweenNotes);
    // 停止发声
    noTone(8);
  }
}

void loop( )
{
  // 程序并不重复，因此这里为空
}
```

参考代码：【高级输出：pulseIn ( )】超声波模块。

```
/*
SR04 超声波传感器
串口显示检测距离
*/

// 设定 SR04 连接的 Arduino 引脚
const int TrigPin = 2;
const int EchoPin = 3;
float distance;

void setup( )
{
    // 初始化串口通信及连接 SR04 的引脚
    Serial.begin(9600);
    pinMode(TrigPin, OUTPUT);
    // 要检测引脚上输入的脉冲宽度，需要先设置为输入状态
    pinMode(EchoPin, INPUT);
    Serial.println("Ultrasonic sensor:");
}

void loop( )
{
    // 产生一个 10 μs 的高脉冲去触发 TrigPin
    digitalWrite(TrigPin, LOW);
    delayMicroseconds(2);
    digitalWrite(TrigPin, HIGH);
    delayMicroseconds(10);
    digitalWrite(TrigPin, LOW);
    // 检测脉冲宽度，并计算出距离
    distance = pulseIn(EchoPin, HIGH)/ 58.00;
    Serial.print(distance);
    Serial.print("cm");
    Serial.println();
    delay(1000);
}
```

【高级输出：pulseIn ( )】程序不适用于图 4.18 所示的模块。

（a）正面

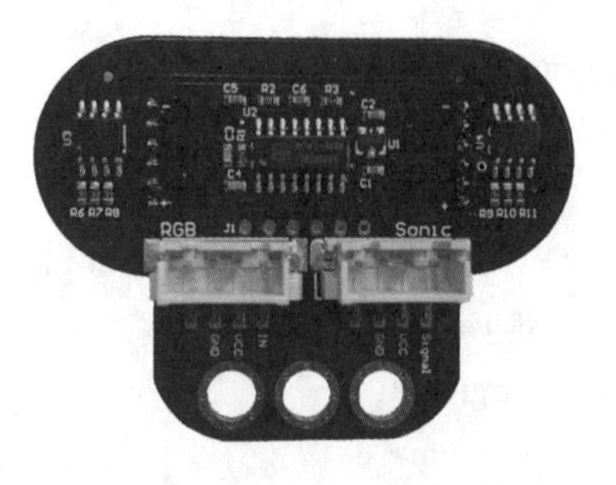

（b）背面

图 4.18　超声波测距模块

5. 时间控制

（1）时间运行函数 millis( )。

使用时间运行函数 millis( )，能获取 Arduino 通电后（或复位后）到现在的时间，大概运行 50 天后，运行时间会溢出，溢出后会重新从 0 开始计数。获取 Arduino 通电后（或复位后）到现在的时间，单位毫秒（ms）。

返回值：返回系统运行时间，单位毫秒（ms）。

（2）micros( ) 函数。

获取 Arduino 通电后（或复位后）到现在的时间，单位微秒（μs）。

返回值：返回系统运行时间，单位微秒（μs）。

6. 延时函数

运行延时函数时，会等待指定的时间，再运行此后的程序，可以通过参数设定延时时间。

（1）delay (ms)函数。

此函数为毫秒级延时，参数为时长，类型 unsigned long。

（2）delayMicroseconds (μs)函数。

此函数为微秒级延时，参数为时长，类型 unsigned int。

参考代码：【时间控制】。

```
unsigned long time1;
unsigned long time2;
void setup( )
{
  Serial.begin(9600);
}
void loop( )
{
  time1 = millis( );
  time2 = micros( );
  // 输出系统运行时间
  Serial.print(time1);
  Serial.println("ms");
  Serial.print(time2);
  Serial.println("μs");
  // 等待 1 s 开始下一次 loop 循环
  delay(1000);
}
```

7. 串口配置

使用串口与计算机通信，需要先使用 Serial.begin( ) 初始化 Arduino 的串口通信功能。

（1）Serial.begin（speed）函数。

初始化串口，配置串口参数。

参数：speed 是指串口通信波特率，串口通信通常会使用以下波特率：300、600、1 200、2 400、4 800、9 600、14 400、19 200、28 800、38 400、57 600、115 200。

8. 串口输出

串口初始化完成后，便可以使用 Serial.print( ) 或 Serial.println( ) 向计算机发送信息。

（1）Serial.print（val）函数：常规输出。

打印数据 val，val 是要输出的数据，各种类型的数据均可。

（2）Serial.println（val）函数：换行输出。

println 会在输出完指定数据后，再输出一组回车换行符。

9. 串口输入

接收串口数据需要使用 Serial.read( )函数。

读取当前串口数据，调用 Serial.read( )函数，每次都会返回一个字节的数据，这个返回值便是当前串口读取到的数据。

参考代码：【串口通信】。

```
void setup( )
{
  // 初始化串口
  Serial.begin(9600);
}

void loop( )
{
  // 读取输入的信息
  char ch=Serial.read( );
  // 输出信息
  Serial.print(ch);
  delay(1000);
}
```

第 5 章　底盘类机器人

5.1　底盘类机器人简介

底盘类机器人通常是由一个固定的底盘盘面和各种型号不同、功能不同的轮子为基础，搭载不同类型的传感器、摄像头、超声波测距设备等，实现相应的实验内容，也是各类高校、国内、国际的机器人竞赛中最为常见的机器人类型。通过本章的学习，可以学习到不同类型底盘类机器人的基础知识，并通过实验，掌握常用底盘类机器人的搭建，根据要求设计出不同性能、不同功能、适应比赛的机器人。

5.1.1　摩擦轮底盘机器人

1. 摩擦轮底盘简介

在所有的底盘类机器人，摩擦轮底盘是最易于理解、最方便安装、最常见的机器人运动底盘。摩擦轮底盘的运动原理也十分简单，当两个轮子一同向前或者向后转时，小车做纵向运动。当一个轮子转动，另一个轮子不转或低于前一个轮子的转动速度旋转时，小车能够做出纵向左右转弯的动作。摩擦轮底盘的优点是安装简单、易于理解、造价低廉，适用于初学者研究使用；缺点是不能横向移动，不能原地转弯，不适应复杂环境路面。在机器人比赛中，通常用于简单巡线、避障、竞速等场景。

2. 摩擦轮底盘运动学分析

已知车体线速度 $\boldsymbol{v}$ 和角速度ω，设定车体两个驱动轮间距为 d，求车体左轮前进速度 v_{l}，右轮前进速度 v_{r} 车体，摩擦轮底盘运动学分析如图 5.1 所示。

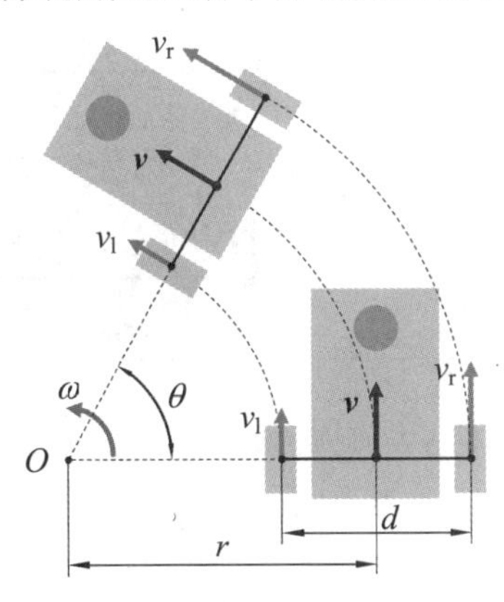

图 5.1　摩擦轮底盘运动学分析

其中

$$r=\frac{\boldsymbol{v}}{\omega}$$

$$v_{\mathrm{l}}=\frac{r-0.5d}{r}\boldsymbol{v}$$

$$v_{\mathrm{r}}=\frac{r+0.5d}{r}\boldsymbol{v}$$

5.1.2 阿克曼底盘机器人

1. 阿克曼底盘简介

阿克曼底盘的基本特点：在行驶（直线行驶和转弯行驶）过程中，每个车轮的运动轨迹符合它的自然运动轨迹，从而保证轮胎与地面间处于滚动而无滑移现象。简单地说，就是像汽车一样，前轮转向、后轮驱动的模型就是阿克曼模型。阿克曼底盘与两轮差速式类似，同样依靠驱动轮的差速实现转弯，但是转弯的同时还需要控制前轮的转角进行配合，否则前轮与地面的摩擦力将会非常大。

2. 阿克曼底盘运动学分析

已知车体线速度 $\boldsymbol{v}$ 和角速度 ω，L 表示车体驱动轮中心与车体转动轮中心的间距，同时设定车体两个驱动轮间距为 d，求车体左轮前进速度 v_{l}，右轮前进速度 v_{r} 和左前轮偏转角度 θ_{l}，右前轮偏转角度 θ_{r}。阿克曼底盘运动学分析如图 5.2 所示。

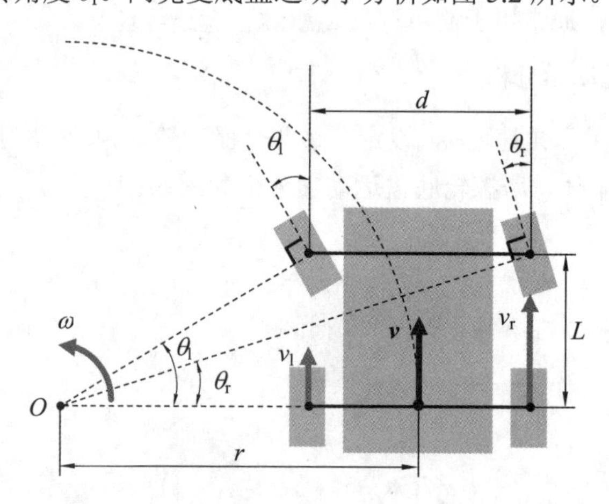

图 5.2 阿克曼底盘运动学分析

其中

$$r=\frac{\boldsymbol{v}}{\omega}$$

$$v_{l}=\frac{r-0.5d}{r}\boldsymbol{v}$$

$$v_{r}=\frac{r+0.5d}{r}\boldsymbol{v}$$

由几何关系可得左、右前轮偏转角度 θ_l 和 θ_r 如下：

$$\theta_l=\tan^{-1}\left(\frac{L}{r-0.5d}\right)$$

$$\theta_r=\tan^{-1}\left(\frac{L}{r+0.5d}\right)$$

5.1.3　全向轮底盘机器人

1. 全向轮底盘简介

全向轮（Omni Wheels）包括轮毂和从动轮（辊子）。轮毂的外圆周处均匀开设有 3 个或者 3 个以上的轮毂齿，每两个轮毂齿之间都有一个小辊子，轮轴和辊轴之间的夹角为 90°。全向轮结构示意图如图 5.3 所示。

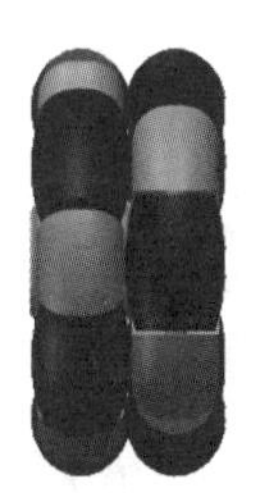

图 5.3　全向轮结构示意图

全向轮一般是有两层的，单层全向轮的辊子之间是不连续的，间距大，所以若是单层全向轮外轮廓可视为多边形，并不是严格意义上的圆形，滚动时存在震动，两层辊子恰好“插空”间隙，保证全向轮滚动过程中，至少有一个辊子与地面接触。全向轮滚动分析图如图 5.4 所示。

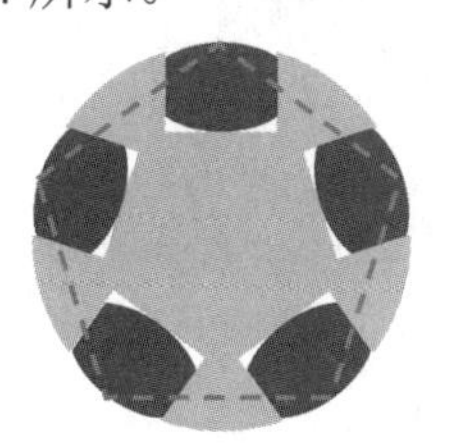
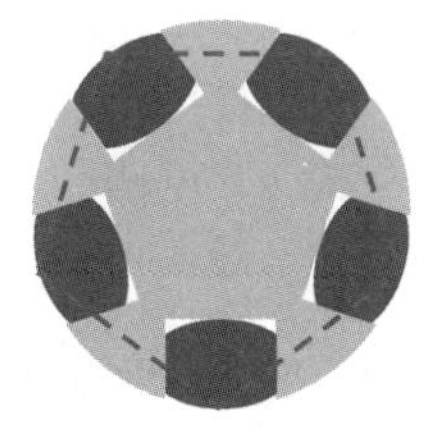
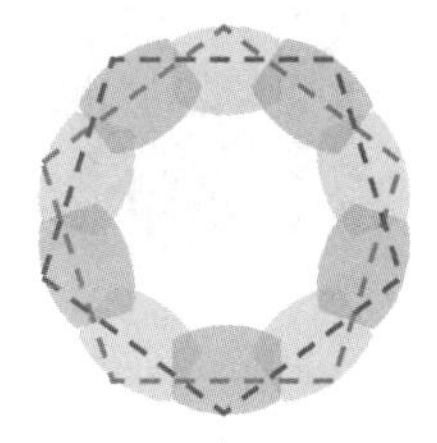

图 5.4　全向轮滚动分析图

2. 全向轮安装方式

常见的全向轮的安装方式有两种：三轮结构和四轮结构。四轮结构在车体正方向选择不同的情况下又分为十字结构和叉形结构（箭头分别为轮子顺时针旋转时的受力方向）。全向轮底盘结构见表 5.1。

表 5.1　全向轮底盘结构

三轮结构	四轮结构（十字）	四轮结构（叉形）

不同的安装方式其运动解算和方式也会不同，以上三种安装方式中，在实现前后左右平移时，四轮十字结构的安装及控制方式较为简单，可通过简单控制对应行进方向上全向轮转动即可实现前后左右平移运动。在实现斜向平移时，三种安装方式都需要分别控制不同安装位置的全向轮运动速度和方向，通过三或四个全向轮协同转动从而实现斜向移动。全向轮受力分析如图 5.5 所示。

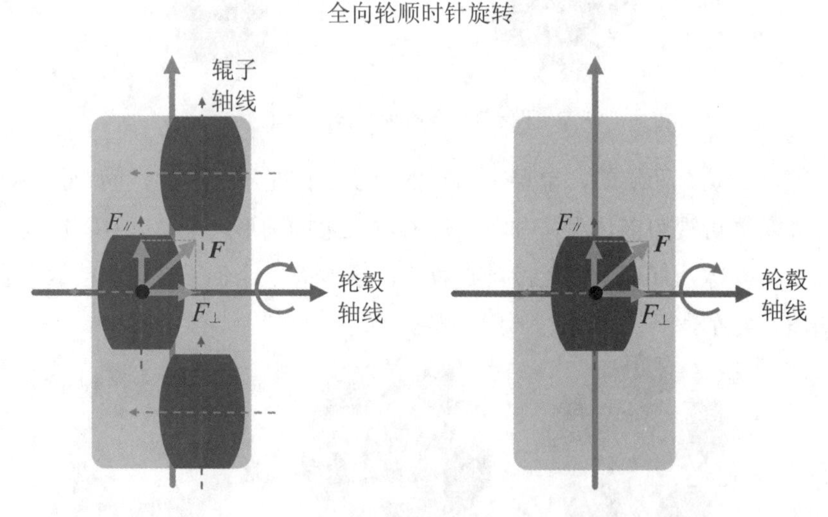

图 5.5　全向轮受力分析

轮子由于旋转，每次与地面的接触点都在左右交替变化，在理想情况下，可简化模型为辊子与轮毂对称，辊子受到的合力为 $\boldsymbol{F}$，可分解为平行于辊轴的分力 $F_{/\!/}$ 和垂直于滚

轴的分力 $F_{\perp}$。其中，分力 $F_{/\!/}$ 为电机驱动轮毂转动而产生的，轮毂带动轮子整体绕轮毂轴线转动，辊子与地面接触产生静摩擦，促使全向轮向前运动，与普通轮胎滚动产生的摩擦类似；分力 $F_{\perp}$ 为外力作用而产生的，此外力可能是全向轮平台其他轮子产生的摩擦推力或人为推力，该横向分力 $F_{\perp}$ 会促使辊子绕着辊子轴线转动，属于滚动摩擦。理想情况下全向轮分析图如图 5.6 所示。

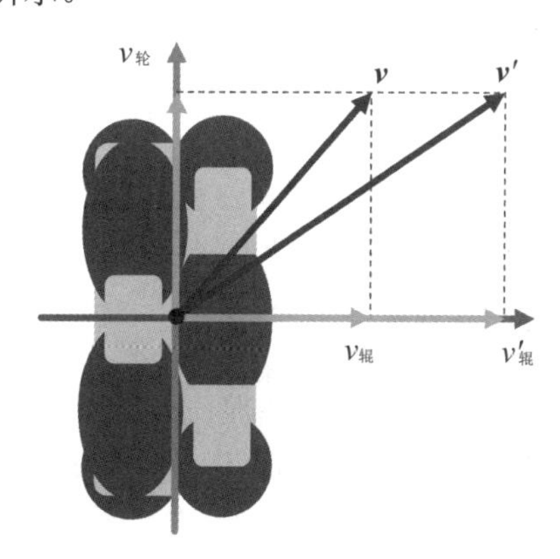

图 5.6　理想情况下全向轮分析图

在没受到外力作用下，$v_{辊}=0$，即 $\boldsymbol{v}=v_{轮}$；在受到外力作用下，辊子的速度和方向受外力的变化而变化，但轮子速度不变，综合速度等于轮毂速度和辊子速度的叠加。

在理想情况下，全向轮轴心速度可分解为轮毂速度 $v_{轮}$ 和辊子速度 $v_{辊}$，轮毂速度提供纵向运动，属于主动运动，辊子速度提供横向运动，属于被动运动，两种速度共同合成全向轮轴心速度，从而实现全向运动。

3. 全向轮底盘运动学分析

（1）底盘运动分解。

刚体在平面内的运动可以分解为三个独立分量，即 x 轴平动、y 轴平动和 z 轴自转，则底盘的运动也可以分解为三个量，全向轮底盘运动分解图如图 5.7 所示。

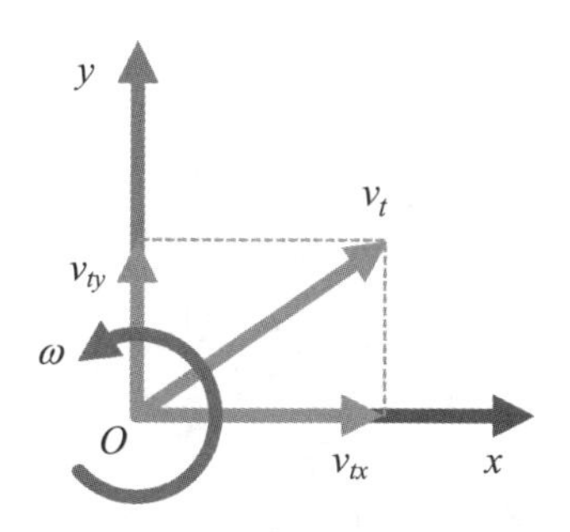

图 5.7　全向轮底盘运动分解图

图 5.7 中 v_{tx} 表示 x 轴运动的速度，即左右方向，定义向右为正；v_{ty} 表示 y 轴运动的

速度，即前后方向，定义向前为正；ω表示 z 轴自转的角速度，定义逆时针为正。

全向轮轮子轴心速度如图 5.8 和图 5.9 所示。

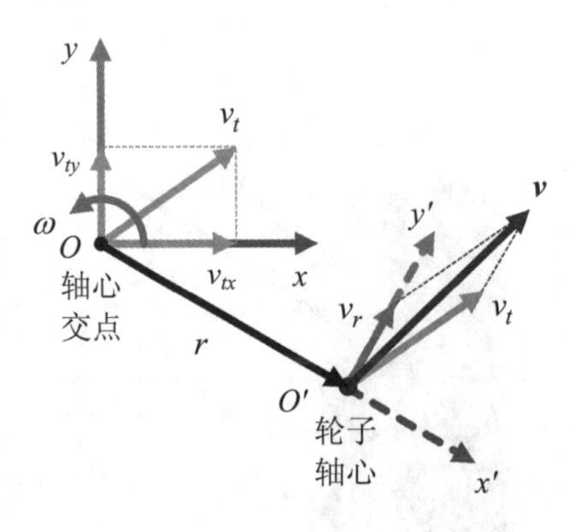

图 5.8　全向轮轮子轴心速度图 1

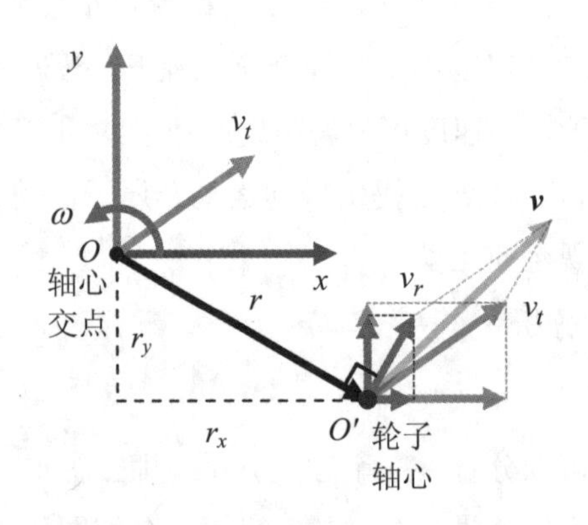

图 5.9　全向轮轮子轴心速度图 2

r 为轴心交点到轮子轴心的距离；$\boldsymbol{v}$ 为轮子轴心的运动速度矢量；v_r 为轮子轴心沿垂直于 r 的方向的速度分量。

$\boldsymbol{v}$ 沿 x 轴和 y 轴的分量：

$$\begin{cases} v_x = v_{tx} + \omega \cdot r_y \\ v_y = v_{ty} + \omega \cdot r_x \end{cases}$$

全向轮轮子轴心速度分解图如图 5.10 所示。

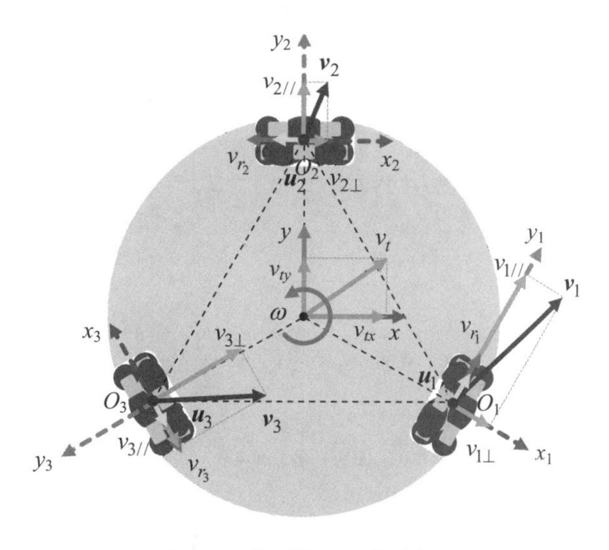

图 5.10　轮子轴心速度分解图

其中

$$\begin{cases} v_{x_1} = v_{tx} + \omega \cdot r_y \\ v_{y_1} = v_{ty} + \omega \cdot r_x \end{cases}$$

$$\begin{cases} v_{x_2} = v_{tx} - \omega \cdot r \\ v_{y_2} = v_{ty} + 0 \end{cases}$$

$$\begin{cases} v_{x_3} = v_{tx} + \omega \cdot r_y \\ v_{y_3} = v_{ty} - \omega \cdot r_x \end{cases}$$

辊子轴心速度（理想接触点速度）分析图如图 5.11 所示。

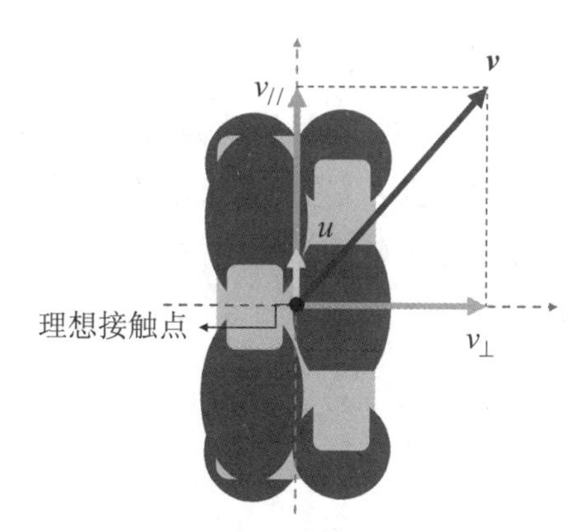

图 5.11　理想接触点速度分析图

根据辊子轴心的速度，可以分解出沿辊子方向的速度 $\boldsymbol{v}_{//}$ 和垂直于辊子方向的速度 $v_{\perp}$，$v_{\perp}$ 是辊子被动滚动产生的。

$\boldsymbol{u}$ 是沿着辊子方向的单位矢量（方向为轮子顺时针旋转时轮子移动方向）。

$$v_{//}=\boldsymbol{v}\cdot\boldsymbol{u}=(v_x\boldsymbol{i}+v_y\boldsymbol{j})\cdot\left(\frac{1}{2}\boldsymbol{i}+\frac{\sqrt{3}}{2}\boldsymbol{j}\right)=\frac{1}{2}v_x+\frac{\sqrt{3}}{2}v_y$$

其中

$$v_{1//}=\boldsymbol{v}_1\cdot\boldsymbol{u}_1=\frac{1}{2}v_{x_1}+\frac{\sqrt{3}}{2}v_{y_1}$$

$$v_{2//}=\boldsymbol{v}_2\cdot\boldsymbol{u}_2=-v_{x_2}$$

$$v_{3//}=\boldsymbol{v}_3\cdot\boldsymbol{u}_3=\frac{1}{2}v_{x_3}-\frac{\sqrt{3}}{2}v_{y_3}$$

（2）轮子的线速度。

$v_w=v_{//}$（轮子转动时在没有外力作用时，垂直于辊子方向的速度 $v_{\perp}$ 为 0，所以 $v_w=v_{//}$）。

$$v_{1w}=\frac{1}{2}v_{x_1}+\frac{\sqrt{3}}{2}v_{y_1}=\frac{1}{2}v_{tx}+\frac{\sqrt{3}}{2}v_{ty}+\omega r$$

$$v_{2w}=-v_{x_2}=-v_{tx}+\omega r$$

$$v_{3w}=\frac{1}{2}v_{x_3}-\frac{\sqrt{3}}{2}v_{y_3}=\frac{1}{2}v_{tx}-\frac{\sqrt{3}}{2}v_{ty}+\omega r$$

4. 全向轮底盘的应用

全向轮能够在许多不同的方向移动，轮毂转动提供了前后方向的摩擦力，轮毂上小轮的转动提供了左右方向的摩擦力，极大方便了车辆向各个方向的移动。

本书推荐使用以下三种传统的全向轮底盘构建方式，即三轮结构和四轮结构（十字和叉形），如图 5.12～5.14 所示。

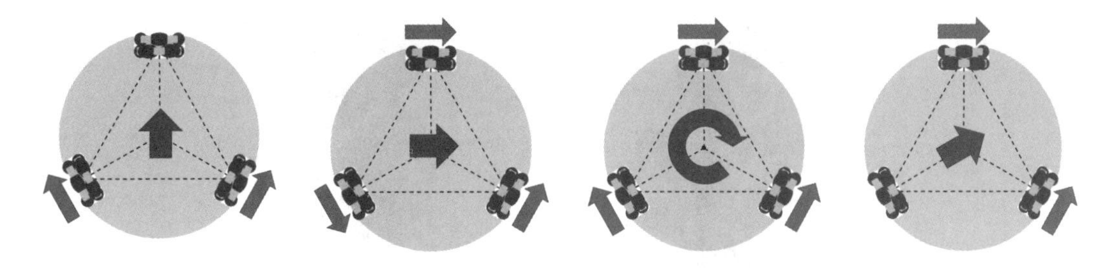

图 5.12　三轮全向底盘运动控制示意图

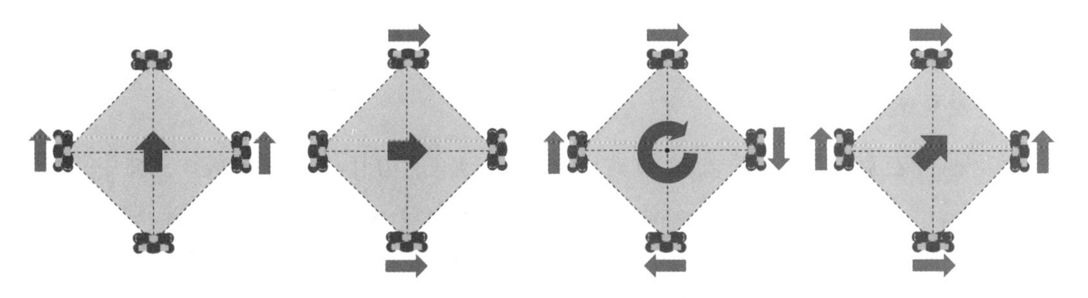

图 5.13　四轮十字全向底盘运动控制示意图

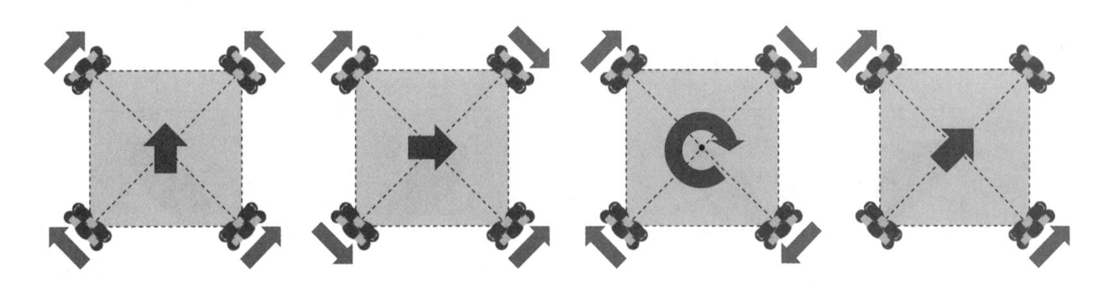

图 5.14　四轮叉形全向底盘运动控制示意图

图 5.12～5.14 建立了三种简单的利用全向轮创建的全向移动底盘，根据运动规律和几个轮子之间的摩擦力受力分析，我们可以尝试实现小车在各个方向上的运动。

5.1.4　麦克纳姆轮底盘机器人

1. 麦克纳姆轮简介

麦克纳姆轮（Mecanum Wheels）包括轮毂和从动轮（辊子），轮轴和辊轴之间的夹角通常为 45°，辊子均可以绕辊轴旋转。麦克纳姆轮的辊子和轮毂连接，故轮子可以实现前后移动、左右平移、旋转和斜向移动。麦克纳姆轮示意图如图 5.15 所示。

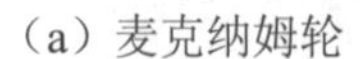

（a）麦克纳姆轮　　（b）辊子和轮毂连接

图 5.15　麦克纳姆轮示意图

2. 麦克纳姆轮安装方式

常见的麦克纳姆轮的安装方式有四种：X-正方形（X-square）、X-长方形（X-rectangle）、O-正方形（O-square）和 O-长方形（O-rectangle）。其中 X 和 O 表示与四个轮子地面接触的辊子所形成的图形；正方形与长方形指的是四个轮子与地面接触点所围成的形状（箭头分别为轮子顺时针旋转时受力方向），麦克纳姆轮底盘结构见表 5.2。

表 5.2　麦克纳姆轮底盘结构

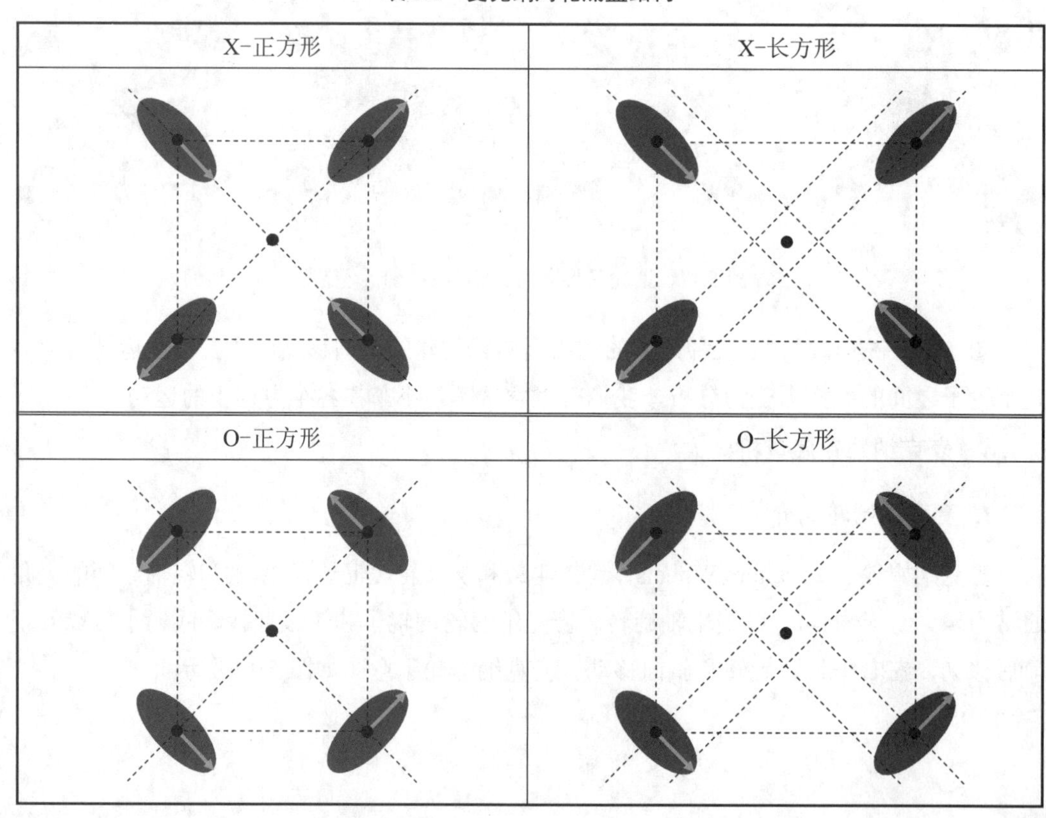

3. 麦克纳姆轮受力分析

麦克纳姆轮顺时针旋转时受力分析图如图 5.16 所示。

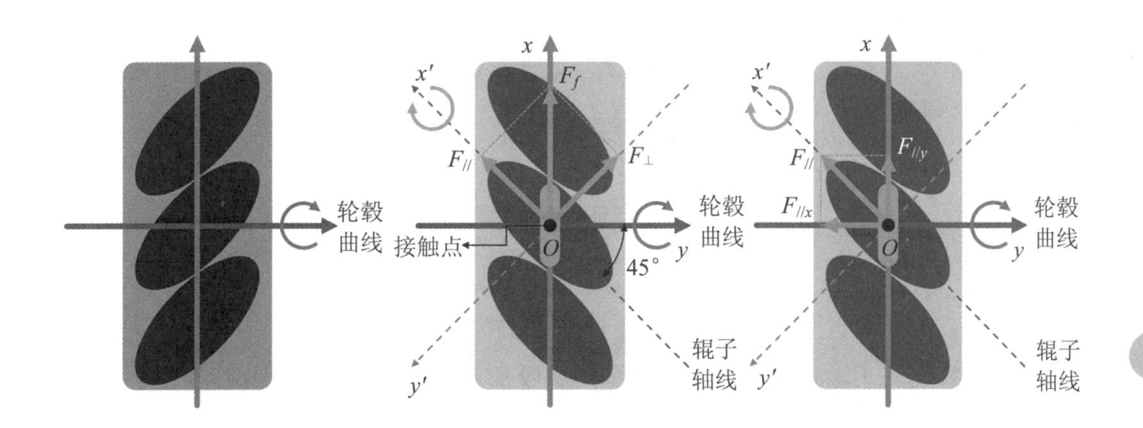

（a）右上轮俯视顶部图　（b）右上轮俯视底部图 1　（c）右上轮俯视底部图 2

图 5.16　麦克纳姆轮受力分析图

图 5.16（a）为右上轮俯视顶部图，图 5.16（b）和图 5.16（c）为右上轮俯视底部图，轮毂坐标系（xOy）用实线表示，辊子坐标系（$x'Oy'$）用虚线表示。

图 5.16（b）中，将地面摩擦力 F_f 沿着垂直和平行于辊子轴线方向进行力分解，垂直于辊子轴线的分力 $F_{\perp}$使得辊子绕轴线转动，说明 $F_{\perp}$是滚动摩擦力；平行于辊子轴线的分力 $F_{//}$使得辊子沿轴线移动，说明 $F_{//}$是静摩擦力。地面作用于辊子的摩擦力也分解为滚动摩擦力和静摩擦力，滚动摩擦力促使辊子绕辊轴反方向转动，无法促使轮子向前运动，属于无效运动；静摩擦力促使辊子相对地面运动，由于辊子固定放在轮毂上，从而带动整个麦克纳姆轮沿着辊子轴线运动。

图 5.16（c）中为麦克纳姆轮受力分析，$F_{//}$沿着 x 轴和 y 轴方向进行力分解，当右上轮顺时针旋转时，麦克纳姆轮沿着辊子轴线左上方 45° 方向运动；当右上轮逆时针旋转时，麦克纳姆轮沿着辊子轴线右下方 45° 方向运动。

4. 麦克纳姆轮运动学分析

（1）底盘运动分解。

麦克纳姆轮底盘的运动可以分解为三个量，如图 5.17 所示。

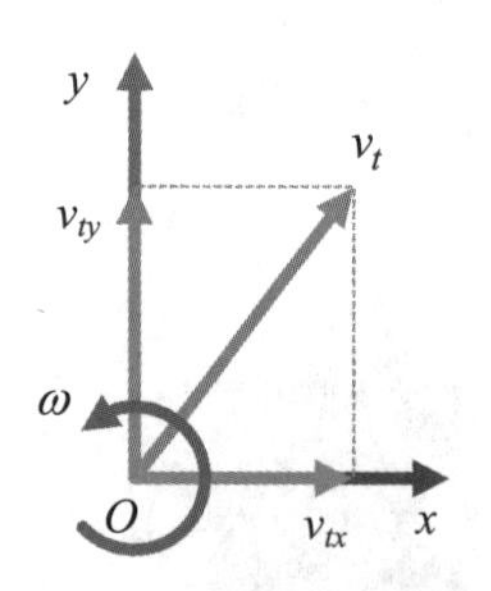

图 5.17　麦克纳姆轮底盘运动分解

图 5.17 中 v_{tx} 表示 x 轴运动的速度，即左右方向，定义向右为正；v_{ty} 表示 y 轴运动的速度，即前后方向，定义向前为正；ω 表示 z 轴自转的角速度，定义逆时针为正。

麦克纳姆轮轮子轴心速度如图 5.18 和图 5.19 所示。

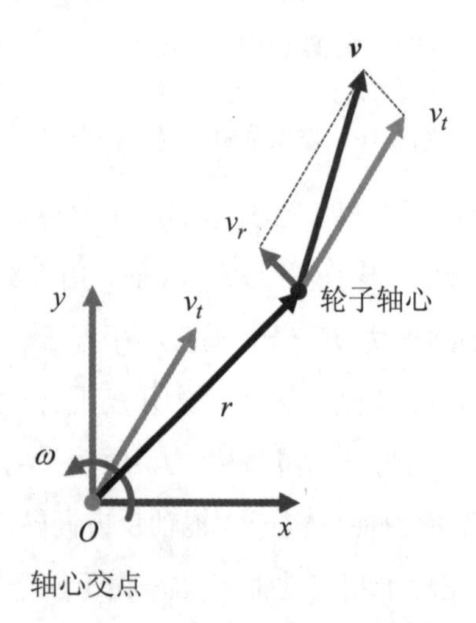

图 5.18　麦克纳姆轮轮子轴心速度 1

图 5.18 中 r 为轴心交点到轮子轴心的距离；$\boldsymbol{v}$ 为轮子轴心的运动速度矢量；v_r 为轮子轴心沿垂直于 r 方向的速度分量。

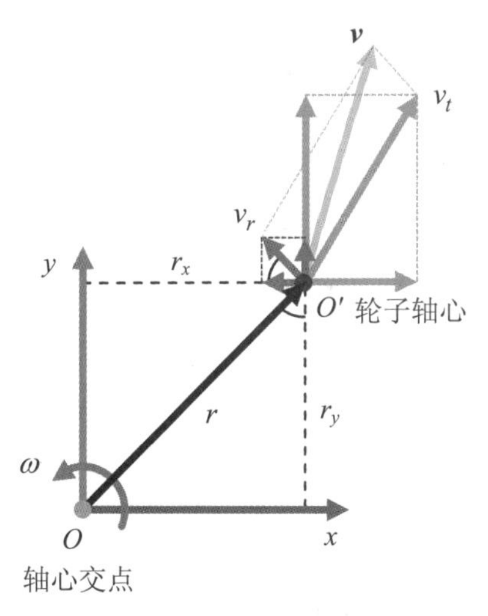

图 5.19　麦克纳姆轮轮子轴心速度 2

$$\boldsymbol{v} = v_t + \omega \times r$$

$\boldsymbol{v}$ 沿 x 轴和 y 轴的分量：

$$\begin{cases} v_x = v_{tx} - \omega \cdot r_y \\ v_y = v_{ty} + \omega \cdot r_x \end{cases}$$

麦克纳姆轮轮子轴心速度分解图如图 5.20 所示。

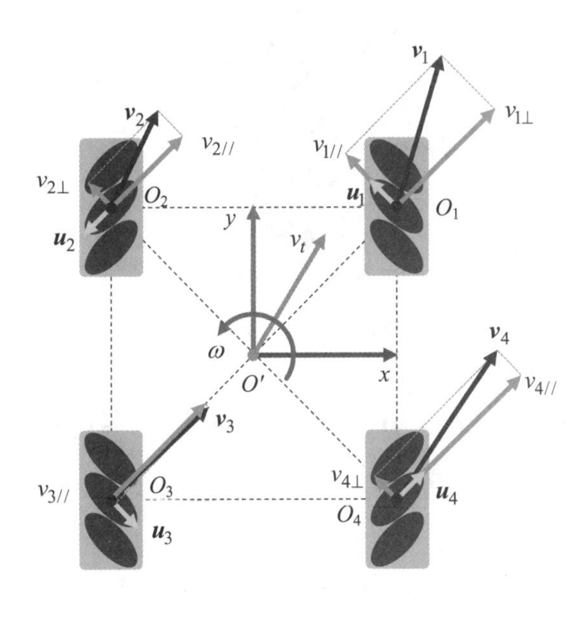

图 5.20　麦克纳姆轮轮子轴心速度分解图

其中

$$\begin{cases} v_{x_1} = v_{tx} - \omega \cdot r_y \\ v_{y_1} = v_{ty} + \omega \cdot r_x \end{cases}$$

$$\begin{cases} v_{x_2} = v_{tx} - \omega \cdot r_y \\ v_{y_2} = v_{ty} - \omega \cdot r_x \end{cases}$$

$$\begin{cases} v_{x_3} = v_{tx} + \omega \cdot r_y \\ v_{y_3} = v_{ty} - \omega \cdot r_x \end{cases}$$

$$\begin{cases} v_{x_4} = v_{tx} + \omega \cdot r_y \\ v_{y_4} = v_{ty} + \omega \cdot r_x \end{cases}$$

（2）辊子轴心速度。

麦克纳姆轮辊子轴心速度（接触点速度）如图 5.21 所示。

根据辊子轴心的速度，可以分解出沿辊子方向的速度 $v_{//}$ 和垂直于辊子方向的速度 $v_{\perp}$。由于 $v_{\perp}$ 是辊子被动滚动产生的，用于辊子自身旋转，属于无效运动。

$\boldsymbol{u}$ 是沿着辊子方向的单位矢量（方向为轮子顺时针旋转时轮子移动方向），则

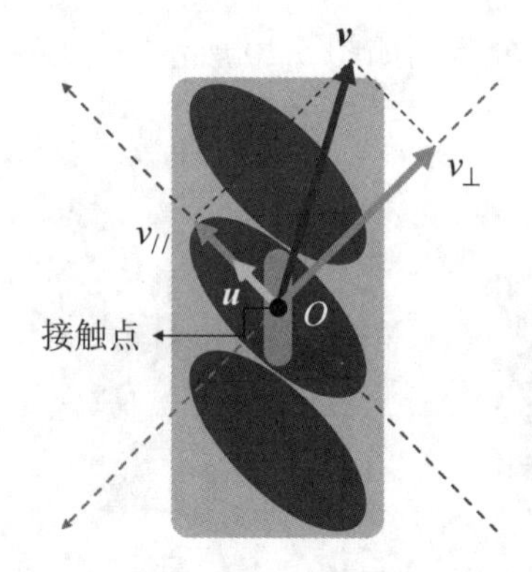

图 5.21　接触点速度分析图

$$v_{//} = \boldsymbol{v} \cdot \boldsymbol{u} = (v_x \boldsymbol{i} + v_y \boldsymbol{j}) \cdot \left(-\frac{1}{\sqrt{2}} \boldsymbol{i} + \frac{1}{\sqrt{2}} \boldsymbol{j} \right) = -\frac{1}{\sqrt{2}} v_x + \frac{1}{\sqrt{2}} v_y$$

其中

$$v_{1//} = \boldsymbol{v}_1 \cdot \boldsymbol{u}_1 = -\frac{1}{\sqrt{2}} v_{x_1} + \frac{1}{\sqrt{2}} v_{y_1}$$

$$v_{2//}=\boldsymbol{v}_2\cdot\boldsymbol{u}_2=-\frac{1}{\sqrt{2}}v_{x_2}-\frac{1}{\sqrt{2}}v_{y_2}$$

$$v_{3//}=\boldsymbol{v}_3\cdot\boldsymbol{u}_3=+\frac{1}{\sqrt{2}}v_{x_3}-\frac{1}{\sqrt{2}}v_{y_3}$$

$$v_{4//}=\boldsymbol{v}_4\cdot\boldsymbol{u}_4=+\frac{1}{\sqrt{2}}v_{x_4}+\frac{1}{\sqrt{2}}v_{y_4}$$

（3）轮子的线速度。

轮子的线速度为 $\boldsymbol{v}_\omega=\dfrac{v_{//}}{\cos 45^\circ}=\sqrt{2}v_{//}$，如图 5.22 所示。

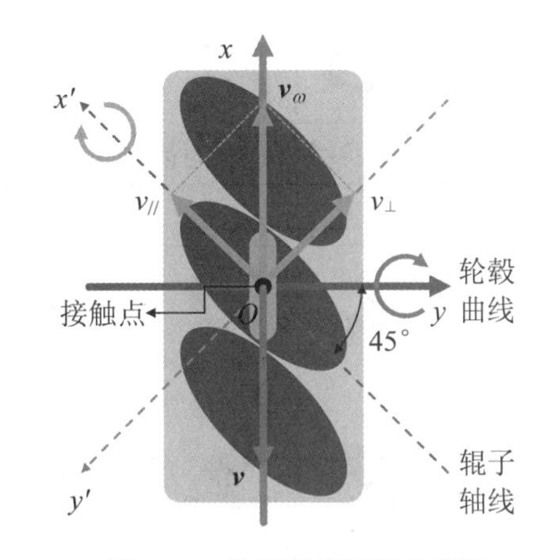

图 5.22　轮子的线速度分解图

其中

$$v_{1\omega}=-v_{x_1}+v_{y_1}=-v_{tx}+v_{ty}+\omega(r_x+r_y)$$

$$v_{2\omega}=-v_{x_2}+v_{y_2}=-v_{tx}-v_{ty}+\omega(r_x+r_y)$$

$$v_{3\omega}=-v_{x_3}+v_{y_3}=v_{tx}-v_{ty}+\omega(r_x+r_y)$$

$$v_{4\omega}=-v_{x_4}+v_{y_4}=v_{tx}+v_{ty}+\omega(r_x+r_y)$$

5. 麦克纳姆轮的应用

全方向移动的麦克纳姆轮底盘，各个方向运动轨迹都与轮子的摆放方向和转动速度密切相关，在保证每个轮子速度一致的情况下，可采用以下的控制方式实现对麦克纳姆轮的简单位移控制。

以 O-正方形安装方式为例，麦克纳姆轮底盘运动控制与受力示意图见表 5.3，上侧表中为麦克纳姆轮底盘运动控制的示意图，轮子旁边箭头方向代表轮子的旋转方向，箭头长度代表轮子旋转的速度，底盘中心的箭头代表底盘运动的方向；下侧表中为当前运动状态与地面接触辊子的受力情况。

表 5.3　O-正方形麦克纳姆轮底盘运动控制与受力示意图

麦克纳姆轮底盘运动控制			
前进 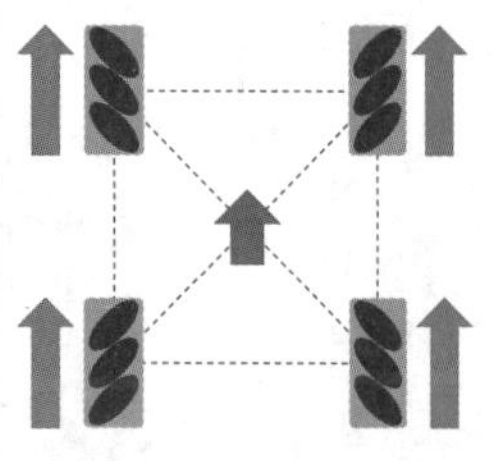	右移 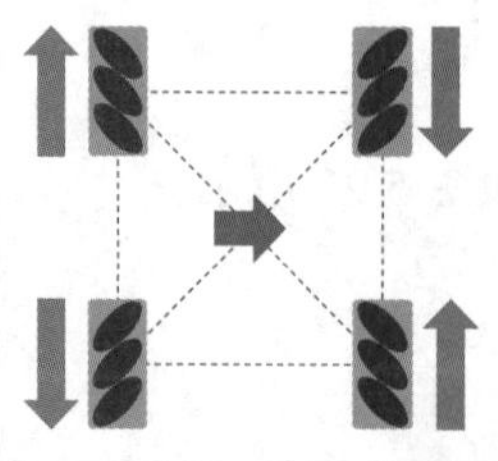	旋转 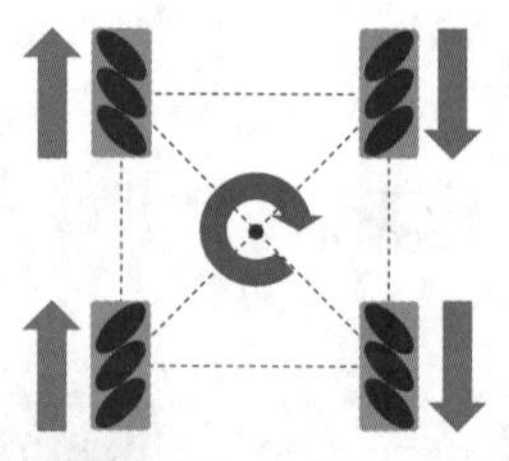	斜移 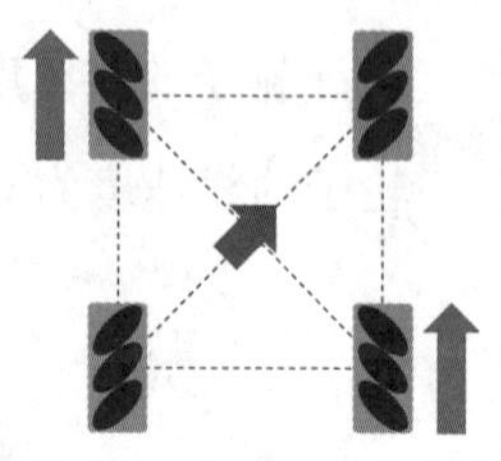
与地面接触辊子的受力情况			
前进 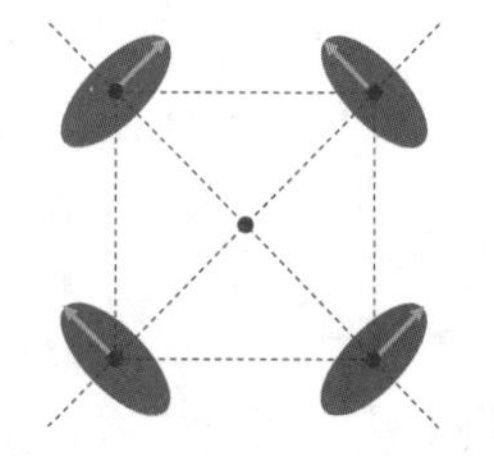	右移 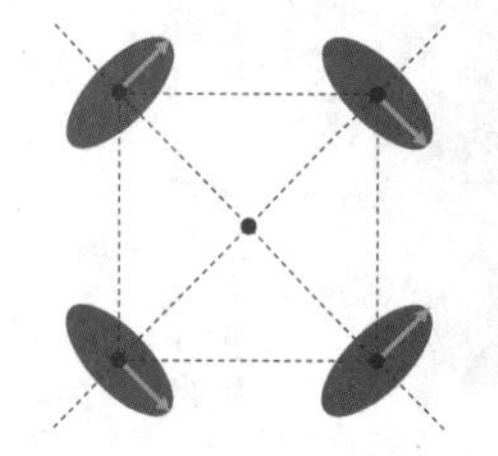	旋转 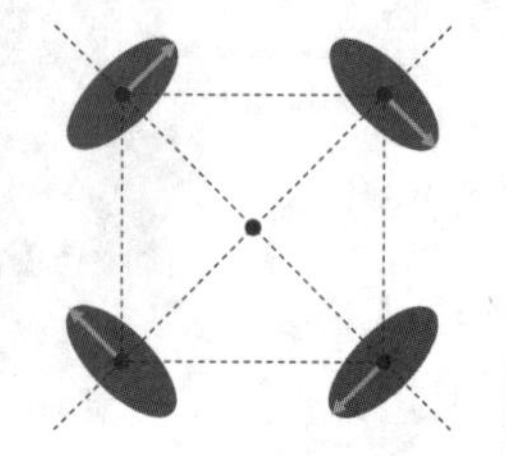	斜移 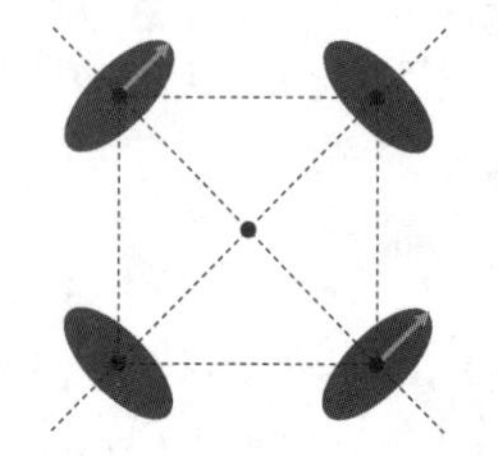

5.2　底盘类机器人实验

5.2.1　轮式避障机器人

1. 实验：搭建轮式避障机器人

（1）实验目的。

掌握光电传感器在机器人控制上的应用和程序调试。

（2）实验器材。

双轮万向车、主控板、光电传感器、数据线等。

（3）实验内容。

结构搭建：在双轮万向底盘前方安装障碍检测装置，该装置由一个或多个光电传感器组成，也可以在车辆底盘的其他位置安装。

程序编程：编写代码，下载程序，使机器人在做出前进、后退、左右转弯等动作时，遇到行进方向的障碍物能够做出规避动作。

（4）实验提示。

光电传感器（1 个）安装在双轮万向轮底盘正前方，根据反馈回传的传感器数据，编写程序算法，使小车做出规避动作。当使用多个光电测距传感器时，可以在小车的多个方向进行安装，形成多方向的全车雷达，使小车在自动行驶时更加安全。

2. 避障原理

避障是指机器人在行走过程中，通过传感器发射信号并接收返回信号从而感知外界环境中存在静态或动态障碍物。靠近物体时反射信号强或者接收信号间隔时间短，远离物体时反射信号弱或者接收信号间隔时间长，按照一定的算法调整运动路径，绕过障碍物，最后达到目标点。避障原理示意图如图 5.23 所示。

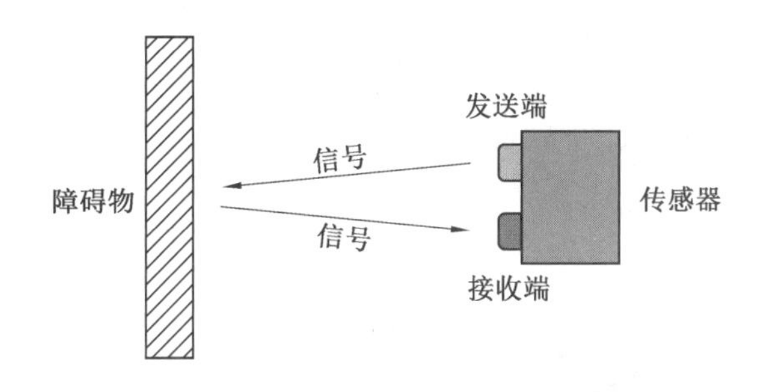

图 5.23　避障原理示意图

避障使用的传感器多种多样，各有不同的原理和特点，目前常见的主要有红外传感器、超声波传感器、激光传感器等，还可以通过视觉传感器进行图像处理获取障碍物信息。

方向轮小车底盘简易示意如图 5.24 所示。

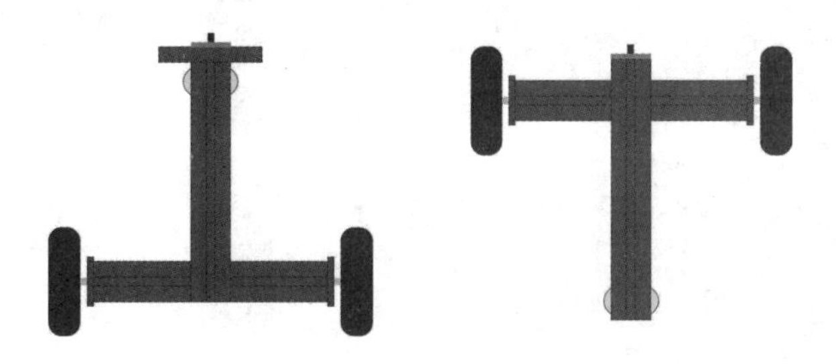

图 5.24　万向轮小车底盘简易示意

3. 编程参考

根据如图 5.25 所示的避障模块测试程序，确定运动正方向。

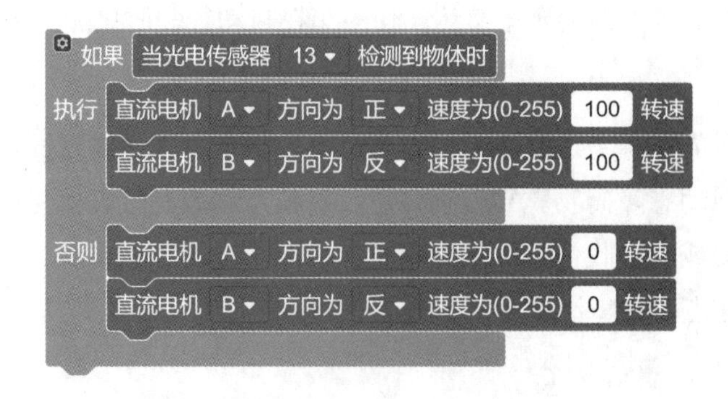

图 5.25 避障模块测试程序

避障图形化程序示意图如图 5.26 所示。

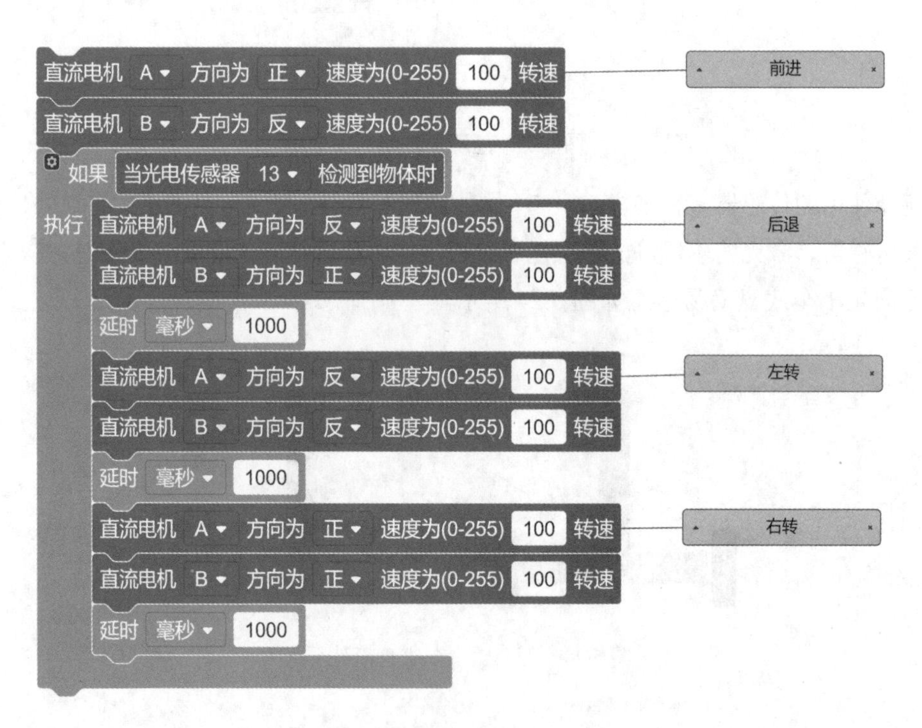

图 5.26 避障图形化程序示意图

参考代码：【光电传感器避障】。

```
void setup( )
{
  // 配置引脚的模式
    pinMode(13, INPUT);           //传感器
    pinMode( 5 , OUTPUT);         //电机 A    速度
    pinMode( 7 , OUTPUT);         //电机 A    方向
    pinMode( 6 , OUTPUT);         //电机 B    速度
    pinMode( 8 , OUTPUT);         //电机 B    方向
}

void loop( )
{
    // 前进
    analogWrite(5, 255-100 );
    digitalWrite(7,HIGH);
    analogWrite(6, 100 );
      digitalWrite(8,LOW);

    if (digitalRead(13))
    {
        // 后退
        analogWrite(5, 100 );
        digitalWrite(7,LOW);
        analogWrite(6, 255-100 );
        digitalWrite(8,HIGH);
        delay(1000);
        // 左转
        analogWrite(5, 100 );
        digitalWrite(7,LOW);
        analogWrite(6, 100 );
        digitalWrite(8,LOW);
        delay(1000);
        // 右转
        analogWrite(5, 255-100 );
        digitalWrite(7,HIGH);
        analogWrite(6, 255-100 );
        digitalWrite(8,HIGH);
        delay(1000);
    }
}
```

5.2.2 轮式巡线机器人

1. 实验：搭建轮式巡线机器人

（1）实验目的。

掌握光电传感器在机器人控制上的应用和软件串口监视器的使用方法。

（2）实验器材。

双轮万向车、主控板、光电传感器、数据线、浅色地面或者桌面、黑胶带（不反光）或者使用深色地面（桌面）、白胶带等。

（3）实验内容。

为双轮万向车底盘加装轨迹探测装置，该装置由一个或者两个及以上的光电传感器组成，在地面粘贴胶带形成平滑轨迹。编写代码，下载程序，使底盘机器人可以沿着轨迹行走。

（4）实验提示。

光电传感器安装在底盘前端，可以使用一个光电传感器，也可以使用两个及以上的光电传感器。使用两个光电传感器时，两个传感器之间的距离要比轨迹的宽度稍宽，两个传感器返回的数据可以用于判断车辆的状态，可以得到更为精确的车辆相对于轨道的位置状态信息，同时也可以针对传感器的数量和摆放位置设计不同的算法来实现多个传感器与车辆运动之间的联系。

2. 巡线原理

巡线是指机器人在行走过程中，通过传感器发射信号并接收返回信号进行巡线检测。在巡线过程中，传感器在黑线上时，反射光强度低，读数较小；传感器在白色区域时候，反射光强度高，读数较大。通过不同读数信号，控制机器人转动方向，从而做到根据规定路线行进。巡线原理示意图如图 5.27 所示。

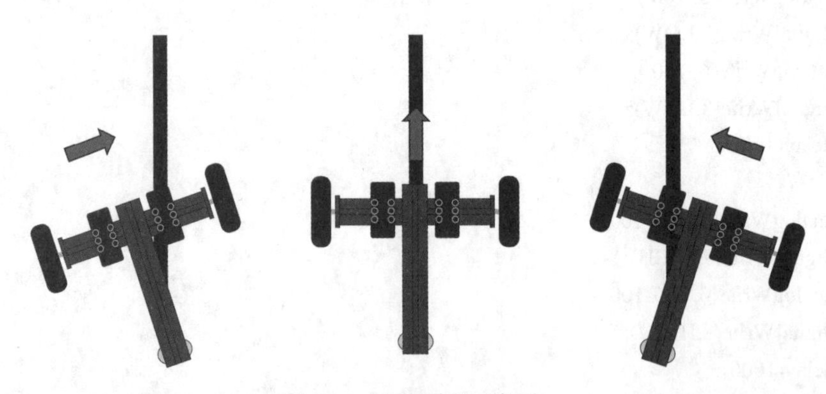

图 5.27　巡线原理示意图

巡线使用的传感器多种多样，各有不同的原理和特点，目前常见的主要有灰度传感器、光电传感器等，还可以通过视觉传感器进行图像处理获取路线信息。

巡线小车简易示意如图 5.28 所示。

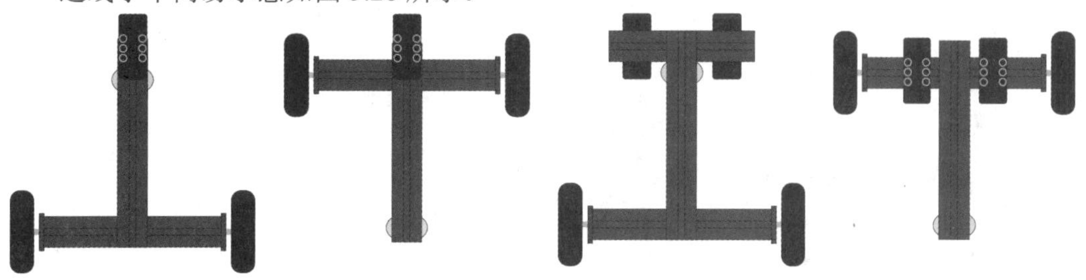

图 5.28　巡线小车简易示意

3. 算法说明

单光电巡线说明见表 5.4。

表 5.4　单光电巡线说明

图　示	描　述
	当光电传感器没检测到黑线时，小车向右旋转；当光电传感器检测到黑线时，小车向左旋转
	当光电传感器没检测到黑线时，小车向右前方旋转；当光电传感器检测到黑线时，小车向左前方旋转
	当光电传感器没检测到黑线时，小车向右旋转；当光电传感器检测到黑线时，小车直行

双光电巡线说明见表 5.5。

表 5.5　双光电巡线说明

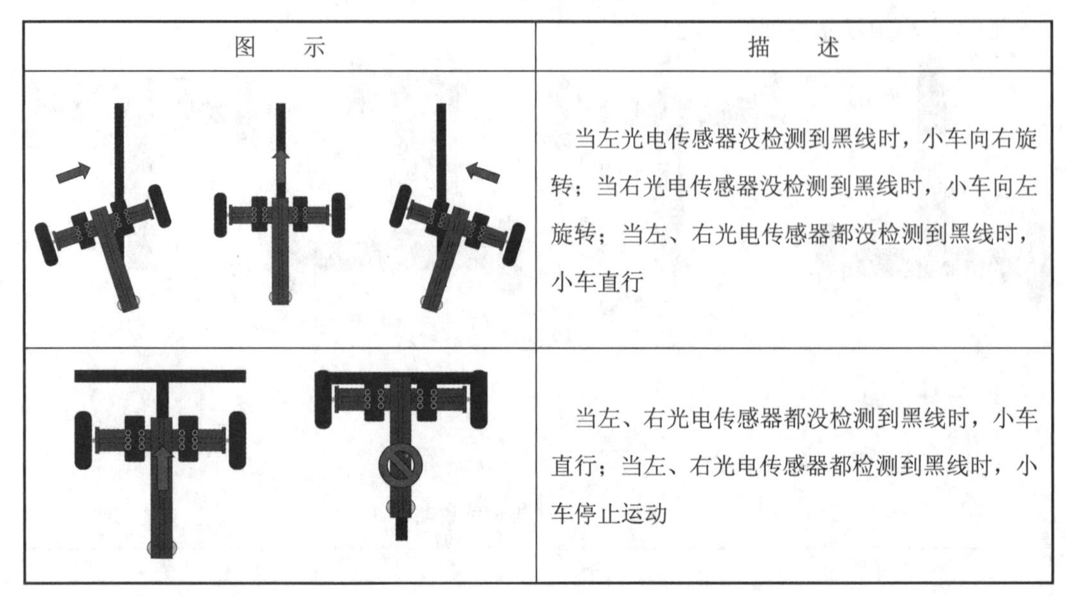

图　示	描　述
	当左光电传感器没检测到黑线时，小车向右旋转；当右光电传感器没检测到黑线时，小车向左旋转；当左、右光电传感器都没检测到黑线时，小车直行
	当左、右光电传感器都没检测到黑线时，小车直行；当左、右光电传感器都检测到黑线时，小车停止运动

4. 编程参考

串口监视器可以获取不同状态下光电传感器检测值。

图形化程序示意图如图 5.29 所示。

图 5.29　图形化程序示意图

参考代码：【打印刷串口监视器值】。

```
void setup( )
{
  Serial.begin(9600);                    //设置串口波特率
}
void loop( )
{
  Serial.println(analogRead(A0));        //打印 A0 检测模拟值
  delay(100);                            //延时 100 ms
}
```

步骤：连接光电传感器到主控板 A0 接口，下载以上程序文件，等待程序下载完成，点击右上角 串口监视器 （图形化）（图 5.30）或 （纯文本），打开串口监视器（图 5.31），选择对应主控对应串口，等待输出框显示光电传感器模拟检测值，分别记录下不同状态值，如图 5.32 所示。

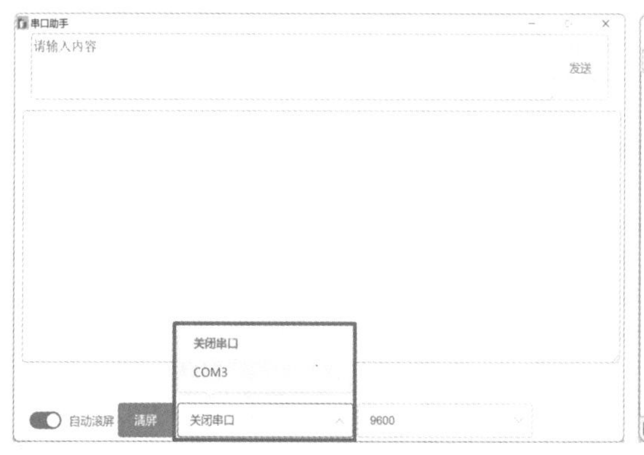

图 5.30　串口监视器——图形

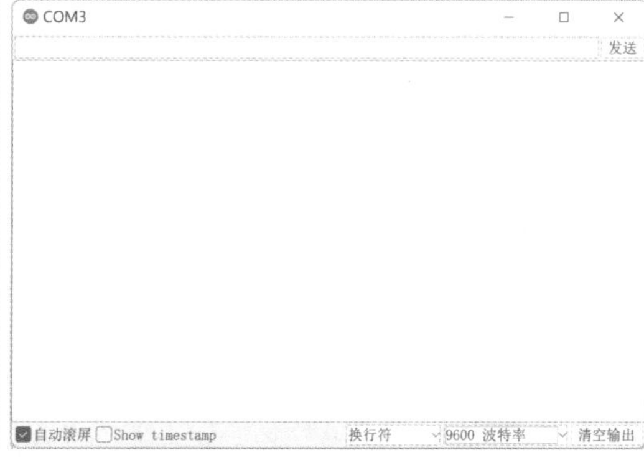

图 5.31　串口监视器——Arduino

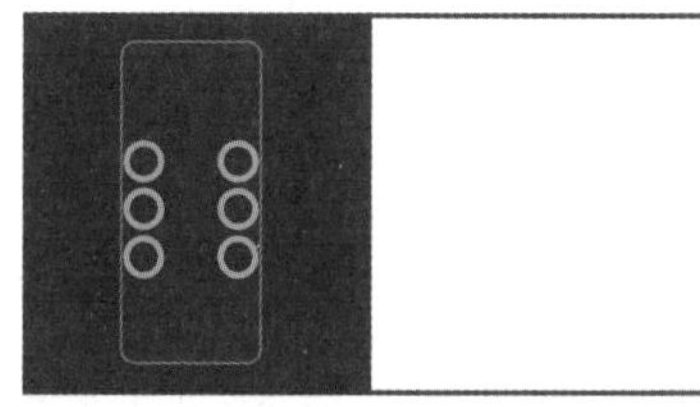

（a）检测到黑色（记录数值 1）

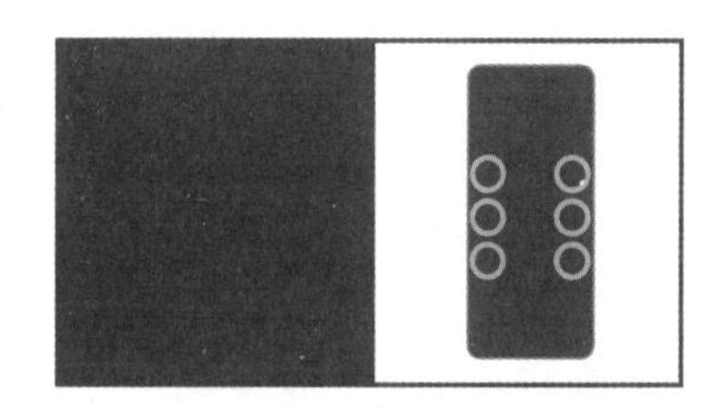

（b）未检测到黑色（记录数值 2）

图 5.32　串口监视器检测光电信号步骤说明

此处注意的是，传感器模块容易受检测距离影响，适当选择检测距离。

巡线图形化程序示意图如图 5.33 所示。

当检测到黑线，机器人左前方行进，否则右前方行进。

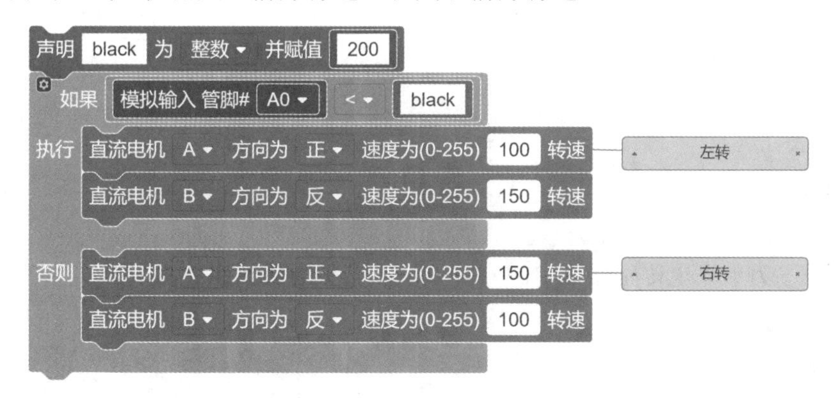

图 5.33　巡线图形程序化示意图

参考代码：【巡线程序】。

```
volatile int black;
void setup( )
{
  black = 200;
  pinMode( 5 , OUTPUT);
  pinMode( 7 , OUTPUT);
  pinMode( 6 , OUTPUT);
  pinMode( 8 , OUTPUT);
}
void loop( )
{
  if (analogRead(A0) < black)
{
    // 左转
    analogWrite(5, 255-100 );
    digitalWrite(7,HIGH);
    analogWrite(6, 150 );
    digitalWrite(8,LOW);


  }
  else {
    // 右转
    analogWrite(5, 255-150 );
    digitalWrite(7,HIGH);
    analogWrite(6, 100 );
    digitalWrite(8,LOW);
  }
}
```

以上程序为单光电传感器其中的一种方法，其他可尝试自行编写。

5. 2. 3　超声波定位机器人

1. 实验：搭建超声波定位机器人

（1）实验目的。

掌握超声波测距传感器和状态指示灯的使用方法。

（2）实验器材。

麦克纳姆轮车、主控板、超声波测距传感器、数据线等。

（3）实验内容。

为麦克纳姆轮车底盘加装定位装置，该装置由两个或者两个以上的超声波测距传感器组成，在地面放置隔板形成一个没有障碍的矩形封闭区间。编写代码，下载程序，使底盘机器人可以具备简单的全场定位功能。

（4）实验提示。

超声波测距传感器安装在底盘机器人的四周，可以分别固定在对应矩形区域的四个面上，四个传感器返回的数据可以用于判断车辆的当前位置状态，同时也可以针对传感器的数量和摆放位置设计不同的算法来实现多个传感器与车辆运动之间的联系。

2. 定位原理

超声波定位主要是依据超声波测距方法，然后根据距离和算法来定位底盘的位置，超声波测距是利用超声波在空气中的传播速度为已知，测量声波在发射后遇到障碍物反射回来的时间，根据发射和接收的时间差计算出发射点到障碍物的实际距离。超声波定位原理示意图如图 5.34 所示。

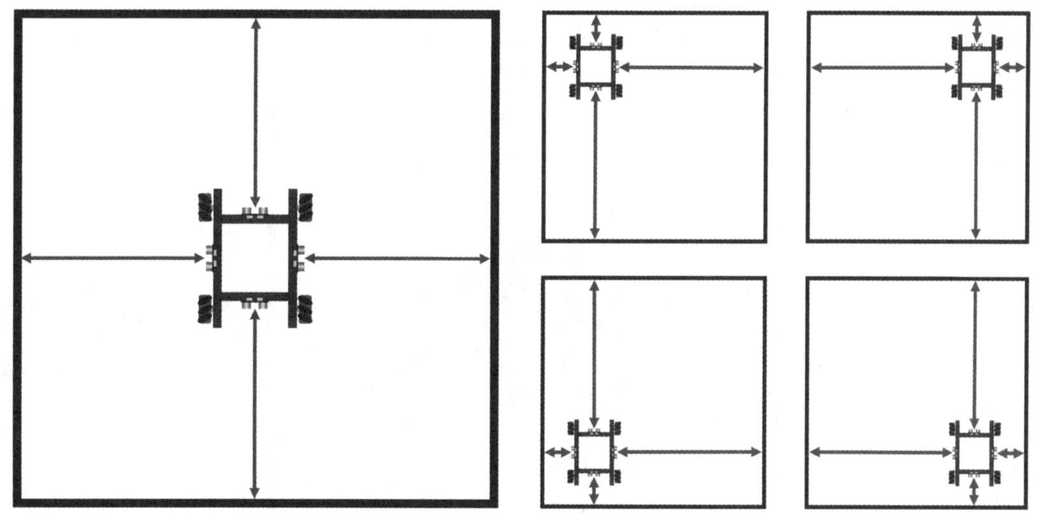

图 5.34　超声波定位原理示意图

距离定位使用的传感器多种多样，各有不同的原理和特点，目前常见的主要有超声波传感器、激光传感器等。

3. 算法说明

麦克纳姆轮运动说明见表 5.6。

表 5.6 麦克纳姆轮运动说明

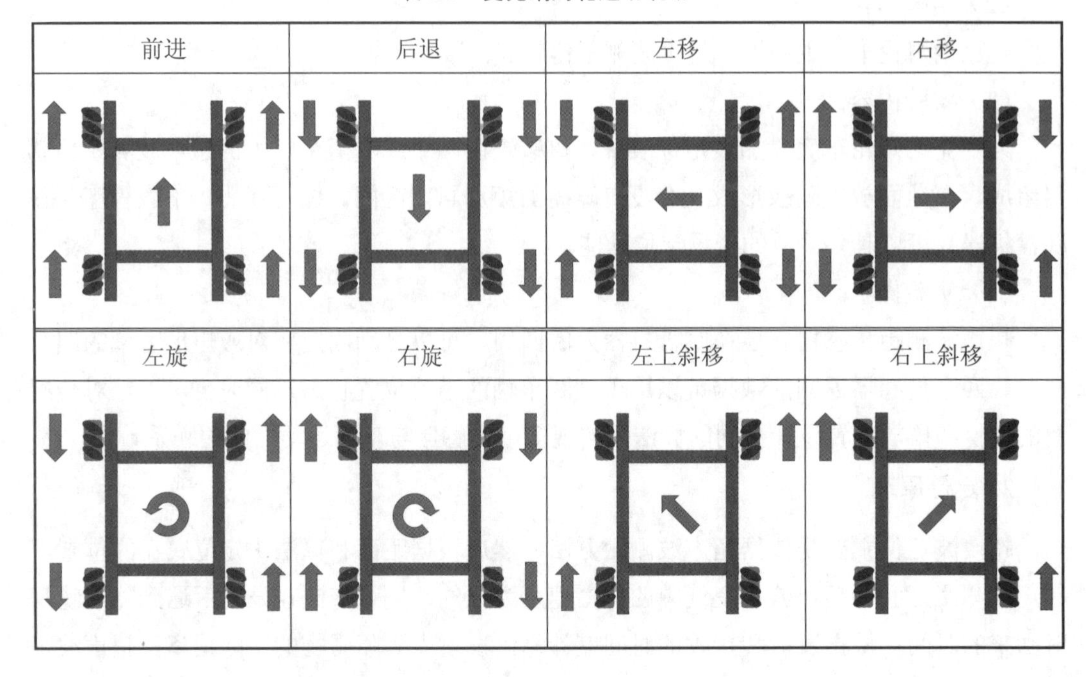

超声波定位自动修正如图 5.35。

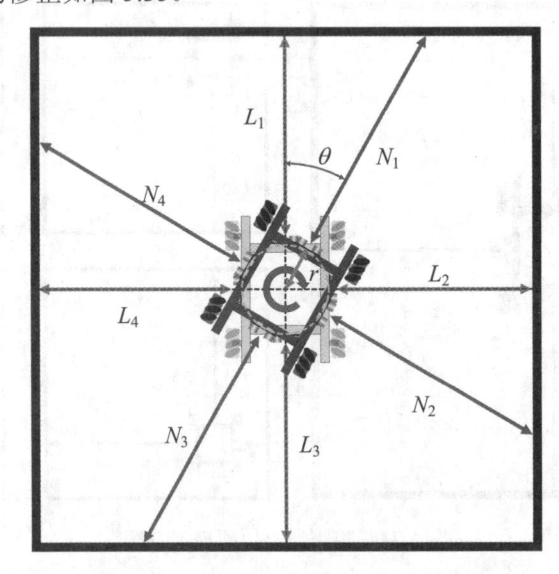

图 5.35 超声波定位自动修正示意图

假设底盘机器人四个传感器到中心距离 r 相等，且正对矩形封闭区，分别测得距离为 L_1、L_2、L_3、L_4，当机器人旋转一定角度 θ 时，分别测得距离为 N_1、N_2、N_3、N_4，可通过距离比值确定底盘机器人偏转角度，从而实现自动旋转归正。

$$\theta = \arccos\left(\frac{N_1 + r}{L_1 + r}\right)$$

由于超声波模块的局限性，针对斜面或墙角测量的距离 N_1、N_2、N_3、N_4 不准确，旋转角度 θ 往往计算不准，但正对于封闭区四面的距离测量还是比较准确。超声波定位各段距离示意图如图 5.36 所示。

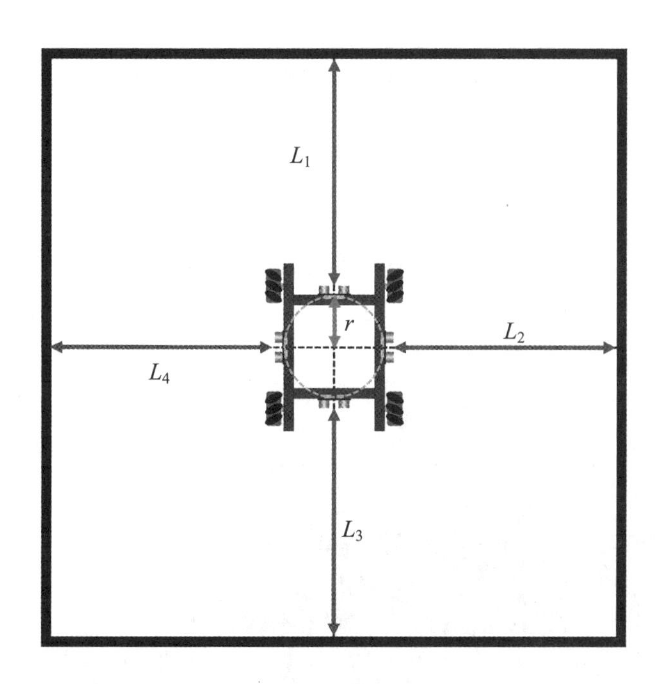

图 5.36　超声波定位各段距离示意图

由于封闭矩形区域长度是固定的，测量距离 L_1、L_2、L_3、L_4 和 r 相对而言较为准确，我们可以通过不同距离之间的比值确定当前车辆相对位置，但前提是底盘机器人方向保持不变，可通过距离变化修正或者添加加速度模块测量修正。由于麦克纳姆轮底盘运动的灵活性，可根据不同控制方式选择不同路径到达指定位置点。超声波定位移动示意图如图 5.37 所示。

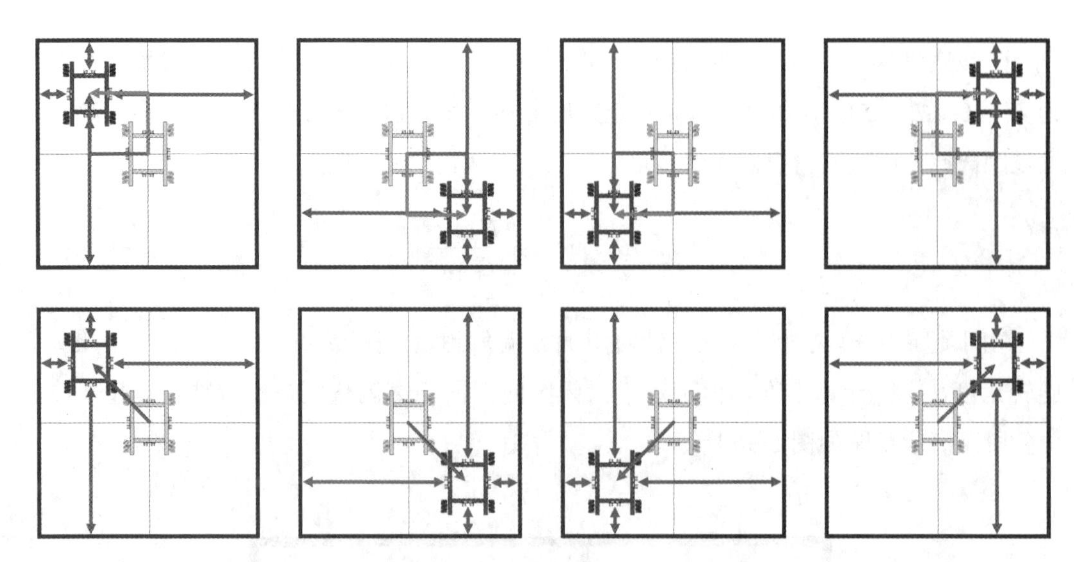

图 5.37 超声波定位移动示意图

4. 模块附加

由于超声波模块自带彩灯效果，可把封闭区域划分成四个不同的区域，当底盘机器人位于不同区域时，超声波模块呈现不同颜色，从而做到从状态方面及时查看当前底盘机器人情况，便于及时发现问题所在。

5. 编程参考

测距图形化程序示意图如图 5.38 所示。

当检测距离小于 20 cm，亮红灯，否则亮绿灯。

```
声明 distance 为 整数 并赋值 0
彩灯灯带管脚 13 灯带数目 2
distance 赋值为 超声波 A0 到前方障碍物距离
如果 distance ≠ 0 且 distance < 400
执行 如果 distance < 20
     执行 彩灯灯带 管脚 13 第 0 个彩灯灯带 R: 255 G: 0 B: 0
          彩灯灯带 管脚 13 第 1 个彩灯灯带 R: 255 G: 0 B: 0
     否则 彩灯灯带 管脚 13 第 0 个彩灯灯带 R: 0 G: 255 B: 0
          彩灯灯带 管脚 13 第 1 个彩灯灯带 R: 0 G: 255 B: 0
     彩灯灯带 管脚 13 保存设置
```

图 5.38 测距图形化示意图

参考代码：【需添加库文件**】**。

```
#include <Adafruit_NeoPixel.h>          //超声波彩灯库
#include <Ultrasonic.h>                 //超声波模块库
volatile int distance;
Adafruit_NeoPixel RGB_13 = Adafruit_NeoPixel(2, 13, NEO_RGB + NEO_KHZ800);
Ultrasonic ULT;
void setup( )
{
  distance = 0;
  RGB_13.begin( );
}
void loop( )
{
  distance = ULT.read(A0);
  if (distance != 0 && distance < 400)
  {
    if (distance < 20)
    {
      RGB_13.setPixelColor(0, 255, 0, 0);
      RGB_13.setPixelColor(1, 255, 0, 0);
    }
    else
    {
      RGB_13.setPixelColor(0, 0, 255, 0);
      RGB_13.setPixelColor(1, 0, 255, 0);
    }
    RGB_13.show( );
  }
}
```

5.2.4　光电传感器定位机器人

1. 实验：搭建光电传感器定位机器人

（1）实验目的。

掌握多个光电传感器配合使用的方法，熟练掌握软件中串口监视器的使用方法，并应用多个光电传感器实现固定网格场地的精准定位。

（2）实验器材。

4 个光电传感器，画有固定宽度正方形网格的喷绘布。

（3）实验内容。

该机器人使用麦克纳姆轮底盘，在底盘底部固定几个光电传感器，传感器的位置和个数与我们的程序算法相关，不同的算法对应不同的传感器位置和个数。安装好后，使小车从场地的出发点，自行移动到指定位置，再移动到第二、第三个位置。

（4）实验提示。

小车底部不同位置的传感器，不仅能够确定小车在整个场地的位置，还有助于矫正小车车头的方向。小车底部的传感器，每经过一条网格线，就要计数一次。几个不同位置的传感器，就能确定小车的位置，也能够确定车头的方向。

2. 定位原理

光电传感器定位主要是依据光电传感器巡线的方法，然后根据线条计数和算法来定位底盘的位置，传感器在黑线上时，反射光强度低，读数较小；传感器在白色区域时候，反射光强度高，读数较大，通过检测经过黑线数目，确定车辆位置。光电传感器定位原理示意图如图 5.39 所示。

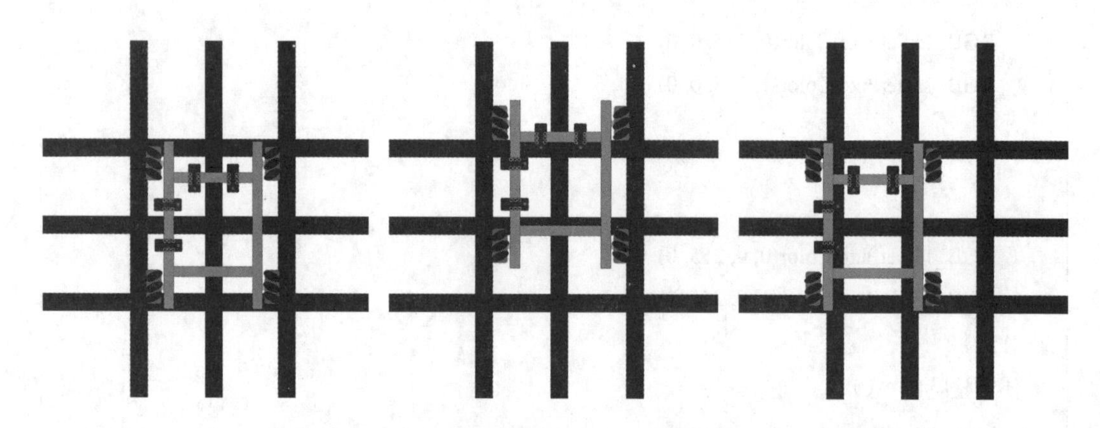

图 5.39　光电传感器定位原理示意图

巡线定位使用的传感器多种多样，各有不同的原理和特点，目前常见的主要有光电传感器、灰度传感器、视觉传感器等。

3. 算法说明

网格位置定位示意图如图 5.40 所示。

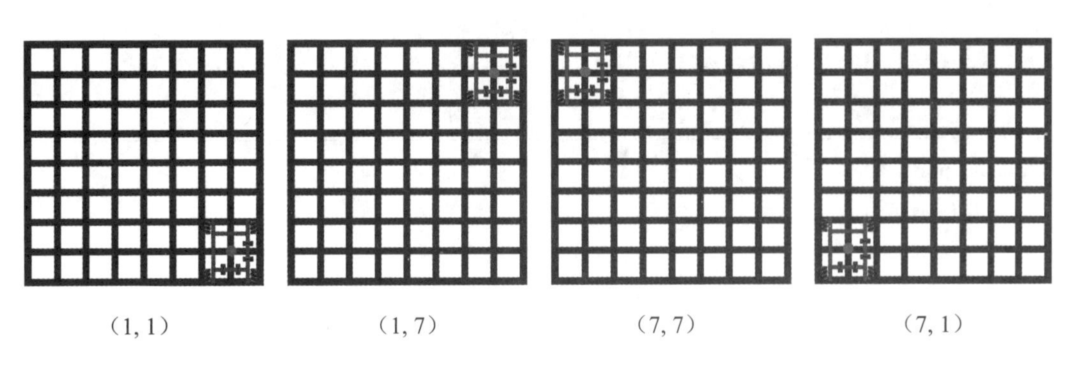

图 5.40　网格位置定位示意图

默认机器人底盘从最右下角出发，出发时田字格中心坐标位置为（1, 1）；向上通过 6 条黑线，到达（1, 7）坐标位置；向左通过 6 条黑线，到达（7, 7）坐标位置，再向下通过 6 条黑线，到达（7, 1）坐标位置。

注意：需要控制单次底盘移动距离，以保证能较准确地定位位置，误差会随运动距离增大而变大，可添加其他传感器修正误差。例如，添加超声波传感器通过检测距离，从而辅助修正误差。

4. 编程参考

光电传感器定位机器人图形化程序示意图如图 5.41 所示。

当检测黑线时，计数加一。

```
声明 black 为 整数 并赋值 200
声明 state 为 整数 并赋值 0
声明 count 为 整数 并赋值 0
如果 模拟输入 管脚# A0 < black
执行 如果 state = 0
     执行 count 赋值为 count + 1
          state 赋值为 1
否则 如果 state = 1
     执行 state 赋值为 0
Serial 打印（自动换行） count
```

图 5.41　光电传感器定位机器人图形化程序示意图

参考代码：【检测黑线条数】。

```
volatile int black;
volatile int state;
volatile int count;

void setup( )
{
  black = 200;
  state = 0;
  count = 0;
  Serial.begin(9600);
}

void loop( )
{
  if (analogRead(A0) < black)
  {
    if (state == 0)
    {
      count = count + 1;
      state = 1;
    }
  }
  else
  {
    if (state == 1)
    {
      state = 0;
    }
  }
  Serial.println(count);
}
```

第 6 章　仿生类机器人

仿生机器人又称关节类机器人，主要指利用机器人套件模仿某些动物和人的运动状态，搭建出相应运动形态机器人。要搭建仿生机器人之前，首先要细致观察目标动物的身体形态和步行原理。身体形态指的是要模仿的动物外形，比如有几只脚、有几个关节等。步行原理是指从地面抬起一条腿或几条腿，而另外一条腿或几条腿支撑身体的过程，当腿被抬起时，它往前走再回到地面，另外的腿抬起往复循环。我们要做的，第一是搭建出这种形态的机器人，第二是让它平稳的走起来。下面具体介绍仿生四足机器人、蠕动型机器人、轮脚式火星探测车和双足式机器人等仿生类机器人。

6.1　仿生四足机器人

1. 仿生四足机器人简介

仿生四足机器人是模仿蜘蛛的六足形态搭建的。由于蜘蛛的六足形态步行原理比较复杂，所以本书选择类似蜘蛛形态的四足机器人。四足机器人前进的步行原理：互成对角线的两条腿同时动作，即两条腿着地，另外两条腿同时做抬起、向前移动、落下的组合动作。仿生四足机器人如图 6.1 所示。

图 6.1　仿生四足机器人

2. 实验：搭建仿生四足机器人

（1）实验目的。

掌握 180° 舵机的基本调试；掌握程序（或图形化编程）调试舵机角度的基本方法。

（2）实验器材。

机器人金属组件及相关材料、主控板、180° 舵机、数据线等。

（3）实验内容。

利用机器人组件中的金属材料搭建一个四足八自由度机器人。编写代码、调试程序、烧录程序，使机器人具备简单行走的功能。

（4）实验提示。

利用组件搭建的四足机器人，每条腿上有两个关节，即二自由度（表示每条腿上有两个舵机），这两个舵机的旋转面是建立在相互垂直的两个维度上，其中一条腿的搭建结构如图 6.2 所示，机器人整体为八自由度。

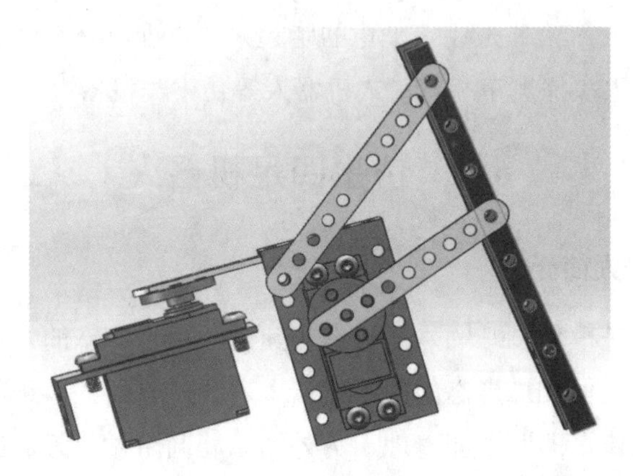

图 6.2　腿部结构搭建示意图

安装机器人的基本步骤为：第一步，调试舵机的初始角度。仿生四足机器人关节一般使用 180° 舵机，在安装前，通常的经验是要把舵机调整到 90°，这样调整后，舵机前后都可以运动，且便于安装之后进行程序调试。第二步，将调整好角度的舵机与金属件组合起来形成四足机器人形态，安装主板、连接线路，准备步态调试。仿生四足机器人原始状态如图 6.3 所示。

图 6.3　仿生四足机器人原始状态

仿生四足机器人基本步态说明见表 6.1。

表 6.1　仿生四足机器人基本步态说明

仿生四足机器人步态示意图	步　骤
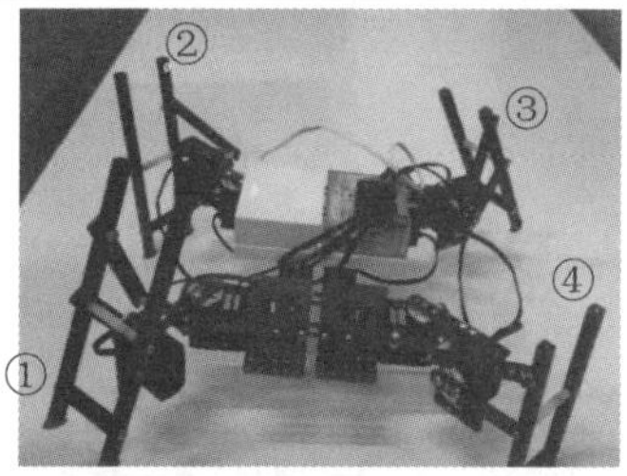	第一步：①③腿抬起，并向前移动相同角度 $X°$
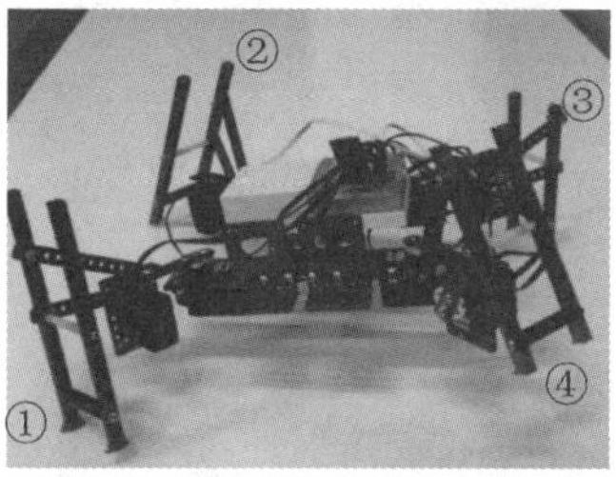	第二步：①③腿落下，②④腿抬起，并向前移动相同角度 $X°$
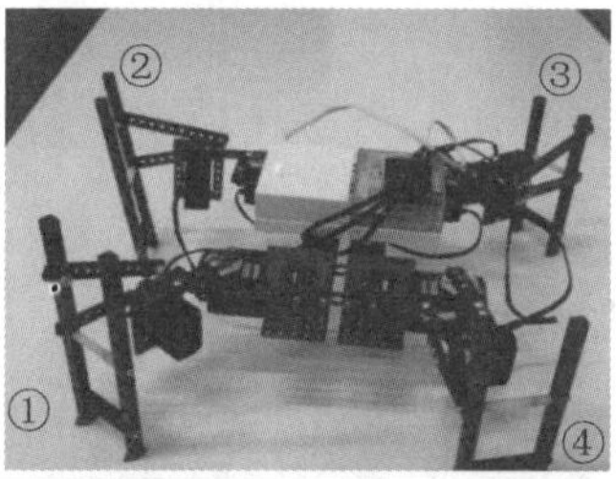	第三步：①③腿的所有舵机恢复原角度，②④腿落下
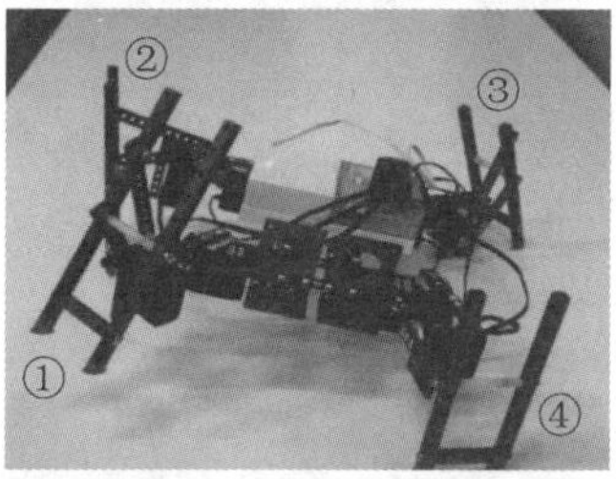	第四步：①③腿抬起，并向前移动相同角度 $X°$
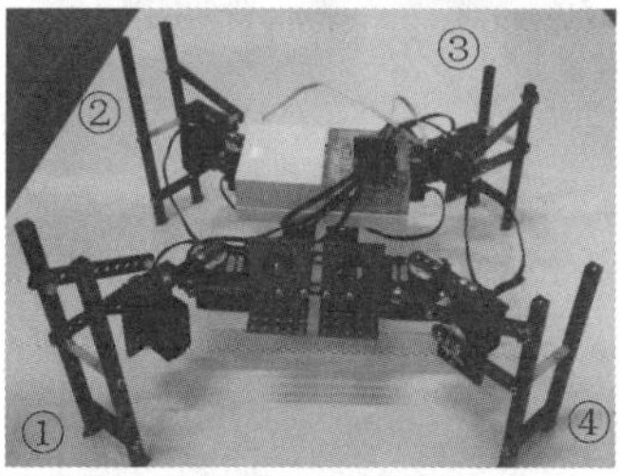	第五步：②④腿的所有舵机恢复原角度，①③腿落下

连续重复第二步至第五步，四足机器人就完成了前进的步态动作。

机器人的后退步态，就是前进步态的逆推，向左转、向右转的步态也是根据前进步态演化而来。

参考代码:【仿生四足机器人基本步态】。

```
#include <Servo.h>
#include <bluetooth_ps2.h>

Servo servo_2;
Servo servo_3;
Servo servo_4;
Servo servo_5;
Servo servo_10;
Servo servo_11;
Servo servo_12;
Servo servo_13;

bool _PS2ButtonPressed(uint8_t key)
{
    ps2loop(Serial);
    return PS2ButtonPressed(key);
}

void setup( )
{
    servo_2.attach(2);
    servo_3.attach(3);
    servo_4.attach(4);
    servo_5.attach(5);

    servo_10.attach(10);
    servo_11.attach(11);
    servo_12.attach(12);
    servo_13.attach(13);

    servo_2.write(45);
    servo_3.write(135);
    servo_4.write(45);
    servo_5.write(135);
    delay(1000);

    servo_10.write(90);
    servo_11.write(90);
    servo_12.write(90);
    servo_13.write(90);
    delay(1000);

    Serial.begin(115200);
}
```

```
void loop( )
{
    if(_PS2ButtonPressed(HteJOYSTICK_LEFT))
    {
        // 左前右后抬脚
        servo_10.write(150);
        servo_12.write(150);
        delay(200);

        // 左前右后分别向后向前
        servo_2.write(90);
        servo_4.write(90);
        delay(200);

        // 左前右后落脚
        servo_10.write(90);
        servo_12.write(90);
        delay(200);

        // 左后右前抬脚
        servo_11.write(150);
        servo_13.write(150);
        delay(200);

        // 左前右后转动
        servo_2.write(45);
        servo_4.write(45);
        delay(200);
        servo_3.write(180);
        servo_5.write(180);
        delay(200);

        // 左后右前落脚 恢复状态
        servo_11.write(90);

        // 左后右前落脚 恢复状态
        servo_13.write(90);
        delay(200);
        servo_3.write(135);
        servo_5.write(135);
        delay(500);
    }
```

```
else if (_PS2ButtonPressed(HteJOYSTICK_RIGHT))
    {
        // 左前右后抬脚
        servo_11.write(150);
        servo_13.write(150);
        delay(200);

        // 左前右后分别向后向前
        servo_3.write(90);
        servo_5.write(90);
        delay(200);

        // 左前右后落脚
        servo_11.write(90);
        servo_13.write(90);
        delay(200);

        // 左后右前抬脚
        servo_10.write(150);
        servo_12.write(150);
        delay(200);

        // 左前右后转动
        servo_3.write(135);
        servo_5.write(135);
        delay(200);
        servo_2.write(0);
        servo_4.write(0);
        delay(200);

        // 左后右前落脚 恢复状态
        servo_10.write(90);
        servo_12.write(90);
        delay(200);
        servo_2.write(45);
        servo_4.write(45);
        delay(500);
    }
    else if
```

```
(_PS2ButtonPressed(HteJOYSTICK_UP))
    {
        // 左前右后抬脚
        servo_11.write(150);
        servo_13.write(150);
        delay(300);
        servo_5.write(100);
        servo_3.write(160);
        delay(300);

        // 左前右后落脚
        servo_11.write(100);
        servo_13.write(90);
        delay(300);

        // 左后右前抬脚
        servo_10.write(150);
        servo_12.write(150);
        delay(300);
        servo_5.write(135);
        servo_3.write(135);
        delay(200);
        servo_2.write(90);
        servo_4.write(20);
        delay(300);

        // 左后右前落脚 恢复状态
        servo_10.write(90);
        servo_12.write(90);
        delay(300);
        servo_11.write(150);
        servo_13.write(150);
        delay(200);
        servo_4.write(45);
        servo_2.write(45);
        delay(200);
        servo_11.write(90);
        servo_13.write(90);
        delay(500);
    }
}
```

6.2 蠕动型机器人

1. 蠕动型机器人简介

蠕动型机器人类似于蛇的形态，但是纯关节类的蛇形机器人的运动是有一定难度的。常见的蛇形机器人往往装有轮子来辅助运动。另外，蛇形机器人的电机和传感器的布线方式也是比较麻烦的，如果想表现得比较完美，需要认真处理。本书中把自然界蛇的结构加以简化，提出连杆铰链机构，分析自然界蛇的典型运动方式。基于连杆铰链机构，研制开发出了一种新型的、能同时具有水平和正交两种连接方式的、框架结构的轮步式蛇形机器人，该结构的突出特点在于轻质、灵活性、模块化。采用蓝牙手柄控制系统，通过编写一定程序，实现蛇形机器人的各种运动。利用组件搭建的蠕动型机器人的组装形态如图 6.4 所示。

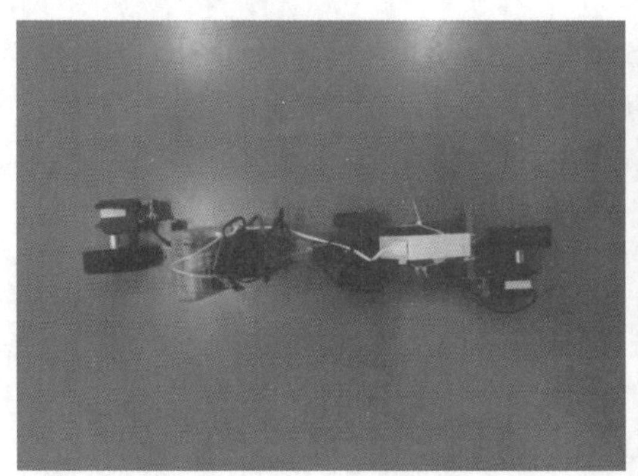

图 6.4　蠕动型机器人

2. 实验：搭建蠕动型机器人

（1）实验目的。

根据蠕动机器人的形态特点，安装一个可遥控六自由度蠕动型仿生机器人。

（2）实验器材。

机器人金属组件及相关材料、主控板、180° 舵机、360° 电机、蓝牙遥控器、数据线等。

（3）实验内容。

利用机器人组件中的金属材料，搭建一个蛇形六自由度机器人。编写代码、调试程序、烧录程序，使机器人具备行走和上台阶的功能。

（4）实验提示。

整体结构：蛇形机器人整体为六自由度，为了机器人运动便捷，机器人的前端和后端分别安装两套由 360° 舵机驱动的轮子。轮子前后的四个关节分别控制头部和尾部的抬起及落下。最中间的两个关节，控制机器人的左右转向。机器人的控制方式为蓝牙手柄遥控，在控制舵机时，采用微控手段调整舵机角度，每次按下按钮时，相应舵机转动 5°，这样机器人关节在运动时能够更为平滑，操作手感更好。

蠕动型机器人上台阶步态说明见表 6.2。

表 6.2　蠕动型机器人上台阶步态说明

蠕动型机器人上台阶示意图	步　　骤
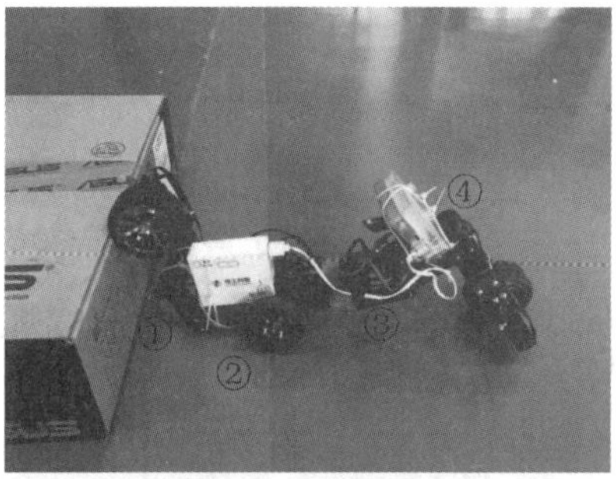	第一步：控制①②关节，将头沿着台阶垂直面抬起，同时控制轮子向前推动机器人。使头部的轮子能够刚刚达到台阶的水平面上，这个过程中需要③④关节发力时要控制好它们的角度
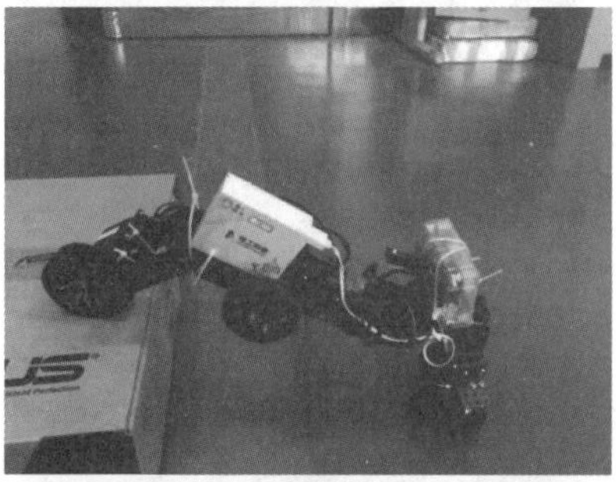	第二步：运用各关节和前后轮的推力，使机器人的前轮和①②关节完全置于台阶的水平面上
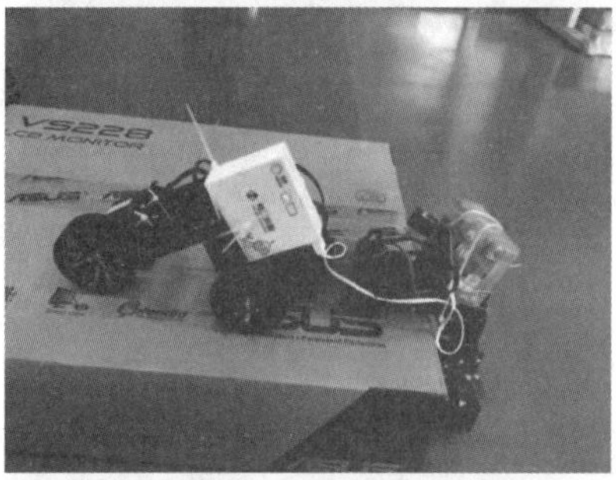	第三步：使机器人除后轮外的其他部位都移动至台阶的水平面上
	第四步：通过所有关节的扭摆，调整重心，在前后轮的推动下，使机器人的整个身体都移动到台阶的水平面上，左图所示，完成一次台阶的攀爬

参考代码：【蠕动型机器人上台阶】。

```
#include <bluetooth_ps2.h>
#include <Servo.h>

volatile int p;
volatile int q;
volatile int x;
volatile int y;
volatile int n;
volatile int m;

bool _PS2ButtonPressed(uint8_t key)
{
    ps2loop(Serial);
    return PS2ButtonPressed(key);
}

Servo servo_3;
Servo servo_5;
Servo servo_12;
Servo servo_11;
Servo servo_10;
Servo servo_7;
Servo servo_13;
Servo servo_4;
Servo servo_9;

void setup( )
{

    Serial.begin(115200);
    servo_3.attach(3);
    servo_5.attach(5);
    servo_12.attach(12);
    servo_11.attach(11);
    servo_10.attach(10);
    servo_7.attach(7);
    servo_13.attach(13);
    servo_4.attach(4);
    servo_9.attach(9);

    p = 90;
    q = 90;
    x = 90;
    y = 90;
    n = 90;
    m = 90;
```

```
    servo_7.write(90);
    servo_13.write(90);
    servo_3.write(90);
    servo_4.write(90);
    servo_9.write(90);
    servo_10.write(94);
    servo_11.write(90);
    servo_12.write(90);
}

void loop( )
{
    // 3 号引脚舵机加 5°
    if (_PS2ButtonPressed(HteJOYSTICK_UP) && p <= 180)
    {
        p = p + 5;
        servo_3.write(p);
        delay(50);
    }
    // 3 号引脚舵机减 5°
    if (_PS2ButtonPressed(HteJOYSTICK_DOWN) && p >= 0)
    {
        p = p  - 5;
        servo_3.write(p);
        delay(50);
    }
    // 5 号引脚舵机加 5°
    if (_PS2ButtonPressed(HteJOYSTICK_LEFT) && p <= 180)
    {
        p = p + 5;
        servo_5.write(p);
        delay(50);
    }
    // 5 号引脚舵机减 5°
    if (_PS2ButtonPressed(HteJOYSTICK_Y) && q >= 0)
    {
        q = q - 5;
        servo_12.write(q);
        delay(50);
    }
    // 11 号引脚舵机加 5°
    if (_PS2ButtonPressed(HteJOYSTICK_A) && q <= 180)
    {
        q = q + 5;
        servo_11.write(q);
        delay(50);
    }
    // 11 号引脚舵机减 5°
```

```
    if (_PS2ButtonPressed(HteJOYSTICK_B) && q >= 0)
    {
        q = q - 5;
        servo_11.write(q);
        delay(50);
    }
    // 10 号引脚舵机加 5°
    if (_PS2ButtonPressed(HteJOYSTICK_L) && q <= 180)
    {
        q = q + 5;
        servo_10.write(q);
        delay(50);
    }
    // 10 号引脚舵机减 5°
    if (_PS2ButtonPressed(HteJOYSTICK_R) && q >= 0)
    {
        q = q - 5;
        servo_10.write(q);
        delay(50);
    }
    // 恢复初始状态
     if
     (_PS2ButtonPressed(HteJOYSTICK_PLUS))
    {
        servo_7.write(90);
         servo_13.write(90);
         servo_3.write(90);
         servo_4.write(90);
         servo_9.write(90);
         servo_10.write(94);
         servo_11.write(90);
         servo_12.write(90);
     }
    if (_PS2ButtonPressed(HteJOYSTICK_ZR))
    {
        servo_7.write(0);
         servo_13.write(180);
     }
     else if
(_PS2ButtonPressed(HteJOYSTICK_ZL))
    {
        servo_7.write(180);
         servo_13.write(0);
     }
    else
    {
        servo_7.write(90);
         servo_13.write(90);
     }
}
```

6.3　轮腿式火星探测车

1. 轮腿式火星探测车

在八大行星中，只有水星、金星和火星是类地行星，而水星及金星上的环境远远要比火星上恶劣数倍，因此，要想实现星际移民，火星是最适合的。为了完成对火星的巡视探测以及制订改造计划，火星车起到了重要的作用。为适应火星表面凹凸不平的复杂情况，火星车通常以轮腿式的设计形式出现，搭配太阳能电池板和各类传感器。2021 年 5 月 22 日 10 时 40 分，祝融号火星车安全到达火星表面，开始巡视探测，为我国火星探测事业发展迈出了坚实的一步。如图 6.5（a）所示。

2. 实验：搭建轮腿式火星探测车

（1）实验目的。

利用教学器材，搭建一台体验型轮腿式火星探测车。

（2）实验器材。

机器人金属组件及相关材料、主控板、360° 圆周舵机、180° 舵机、直流电机、摄像头、遥控手柄、各类传感器、数据线等。

（3）实验内容。

①通过搭建的轮腿结构和遥控功能，使火星车能够适应相对复杂的路面情况，在崎岖的路面上行走顺畅。

②为火星车搭配传感器，采集火星车周围的环境变量，如温度、湿度等将相关数值打印到 OLED 显示屏上。

（4）实验提示。

火星车由铝合金结构件搭建外部造型及传动机构、基于 Arduino 开发语言的机器人主控板、四个 360° 圆周舵机提供动力、四个 180° 舵机提供姿态变换、一个 180° 旋转的摄像头提供视觉图像传输、六块太阳能电池板、一个土壤湿度传感器用于检测土壤湿度（该位置可更换其他传感器）以及一个 OLED 显示屏用于显示数据。图 6.5 所示为火星车结构的参考图，实验中可以根据自己的想法和创意，搭建出属于自己的火星车。

当火星车在行驶过程中遇到土包、小丘等情况时，通过控制轮腿结构中的关节部位，能够把车体提升一定的高度，如图 6.6 所示。

（a）轮腿式火星探测车

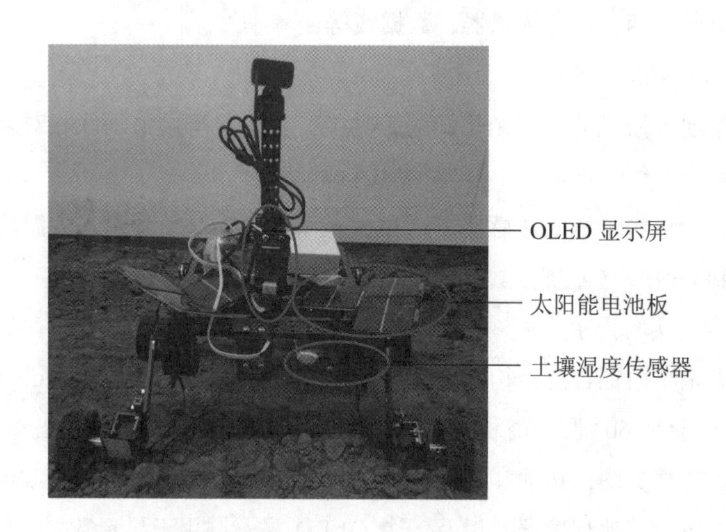

（b）轮腿式火星探测车功能部件

图 6.5　轮腿式火星探测车结构组成

（a）车厢被石块托起

（b）车体提升，跨越障碍

图 6.6　火星探测车跨越障碍示意图

当火星车行驶到松软的沙土地时，车轮由于车的自身质量，常常下陷。此时，需要通过控制轮腿结构中关节部位的运动，达到车体前后蠕动的目的，再配合车轮转动，使火星车脱离险境。火星探测车沙土地运动示意图如图 6.7 所示。

图 6.7　火星探测车沙土地运动示意图

参考代码:【轮腿式火星探测车】。

```
#include <Servo.h>
#include <bluetooth_ps2.h>

volatile int p;
volatile int q;
volatile int x;
volatile int y;
volatile int n;
volatile int m;

Servo servo_2;
Servo servo_3;
Servo servo_5;
Servo servo_6;
Servo servo_7;
Servo servo_8;
Servo servo_9;
Servo servo_10;
Servo servo_11;
Servo servo_13;

bool _PS2ButtonPressed(uint8_t key)
{
    ps2loop(Serial);
    return PS2ButtonPressed(key);
}

int _rps2_data_list(uint8_t key)
{
    ps2loop(Serial);
    return ps2_data_list[key];
}

void setup( )
{
    servo_2.attach(2);
    servo_3.attach(3);
    servo_5.attach(5);
    servo_6.attach(6);
    servo_7.attach(7);
    servo_8.attach(8);
    servo_9.attach(9);
    servo_10.attach(10);
    servo_11.attach(11);
    servo_13.attach(13);
```

```
    p = 90;
    q = 90;
    x = 90;
    y = 90;
    n = 90;
    m = 90;

     // 摄像头
    servo_2.write(90);
     // 尾部传感器
     servo_3.write(90);
     // 右后轮
     servo_5.write(90);
     // 右前轮
     servo_6.write(90);
     // 左后轮
     servo_7.write(90);
     // 左前轮
     servo_8.write(90);
     // 左后舵机
     servo_9.write(90);
     // 右后舵机
     servo_10.write(90);
     // 右前舵机
     servo_11.write(90);
     // 左前舵机
     servo_13.write(90);
    Serial.begin(115200);
}

void loop( )
{
    // 左前轮向后
    if (_PS2ButtonPressed(HteJOYSTICK_Y) && p <= 180)
    {
        p = p + 5;
        servo_13.write(p);
        delay(50);
    }
    // 左前轮向前
    if (_PS2ButtonPressed(HteJOYSTICK_X) && p >= 0)
    {
        p = p - 5;
        servo_13.write(p);
        delay(50);
    }
```

```
// 右前轮向前
if (_PS2ButtonPressed(HteJOYSTICK_A) && q <= 180)
{
    q = q + 5;
    servo_11.write(q);
    delay(50);
}
// 右前轮向后
if (_PS2ButtonPressed(HteJOYSTICK_B) && q >= 0)
{
    q = q － 5;
    servo_11.write(q);
    delay(50);
}
// 左后轮向前
if (_PS2ButtonPressed(HteJOYSTICK_LEFT) && x <= 180)
{
    x = x + 5;
    servo_9.write(x);
    delay(50);
}
// 左后轮向后
if (_PS2ButtonPressed(HteJOYSTICK_UP) && x >= 0)
{
    x = x － 5;
    servo_9.write(x);
    delay(50);
}
// 右后轮向前
if (_PS2ButtonPressed(HteJOYSTICK_RIGHT) && y <= 180)
{
    y = y + 5;
    servo_10.write(y);
    delay(50);
}
// 右后轮向后
if (_PS2ButtonPressed(HteJOYSTICK_DOWN) && y >= 0)
{
    y = y − 5;
    servo_10.write(y);
    delay(50);
}
```

```
// 摄像头左转
if (_PS2ButtonPressed(HteJOYSTICK_L) && m <= 180)
{
    m = m + 5;
    servo_2.write(m);
    delay(50);
}
// 摄像头右转
if (_PS2ButtonPressed(HteJOYSTICK_R) && m >= 0)
{
    m = m - 5;
    servo_2.write(m);
    delay(50);
}

// 传感器舵机上升
if (_PS2ButtonPressed(HteJOYSTICK_ZL) && n <= 180)
{
    n = n + 5;
    servo_3.write(n);
    delay(50);
}
// 传感器舵机下降
if (_PS2ButtonPressed(HteJOYSTICK_ZR) && n >= 0)
{
    n = n - 5;
    servo_3.write(n);
    delay(50);
}
  if (_rps2_data_list(HteJOYSTICK_LY) > 130)
{
    servo_5.write(0);      // 右后轮
    servo_6.write(0);      // 右前轮
    servo_7.write(180);  // 左后轮
    servo_8.write(180);  // 左前轮
}
else if (_rps2_data_list(HteJOYSTICK_LY) < 125)
{
    servo_5.write(180);  // 右后轮
    servo_6.write(180);  // 右前轮
    servo_7.write(0);      // 左后轮
```

```
        servo_8.write(0);      // 左前轮
    }
    else if (_rps2_data_list(HteJOYSTICK_RX) > 130)
    {
        servo_5.write(180);  // 右后轮
        servo_6.write(180);  // 右前轮
        servo_7.write(180);  // 左后轮
        servo_8.write(180);  // 左前轮
    }
    else if (_rps2_data_list(HteJOYSTICK_RX) < 125)
    {
        servo_5.write(0);      // 右后轮
        servo_6.write(0);      // 右前轮
        servo_7.write(0);      // 左后轮
        servo_8.write(0);      // 左前轮
    }
    else
    {
        servo_5.write(90);     // 右后轮
        servo_6.write(90);     // 右前轮
        servo_7.write(90);     // 左后轮
        servo_8.write(90);     // 左前轮
    }
    if (_PS2ButtonPressed(HteJOYSTICK_PLUS))
    {


        servo_2.write(90);     // 摄像头
        servo_3.write(90);     // 尾部传感器
        servo_5.write(90);     // 右后轮
        servo_6.write(90);     // 右前轮
        servo_7.write(90);     // 左后轮
        servo_8.write(90);     // 左前轮
        servo_9.write(90);     // 左后舵机
        servo_10.write(90);  // 右后舵机
        servo_11.write(90);  // 右前舵机
        servo_13.write(90);  // 左前舵机
    }
}
```

6.4　双足式机器人

1. 双足式机器人简介

六自由度双足式机器人是模仿人类双足行走步态搭建的机器人。由于人类腿部关节多，且类型复杂，通过机械组件很难模拟出人类的腿部结构，也很难模仿人类行走时的平衡状态。所以根据组件的特点，设计出脚掌宽大，便于掌握平衡的六自由度双足式机器人。在运动过程中，当机器人抬起一条腿时，由于脚掌面积宽大，只要将重心移动到另一条腿上即可。下面我们将具体介绍双足式机器人。利用组件搭建的六自由度双足式机器人的组装形态如图 6.8 所示。

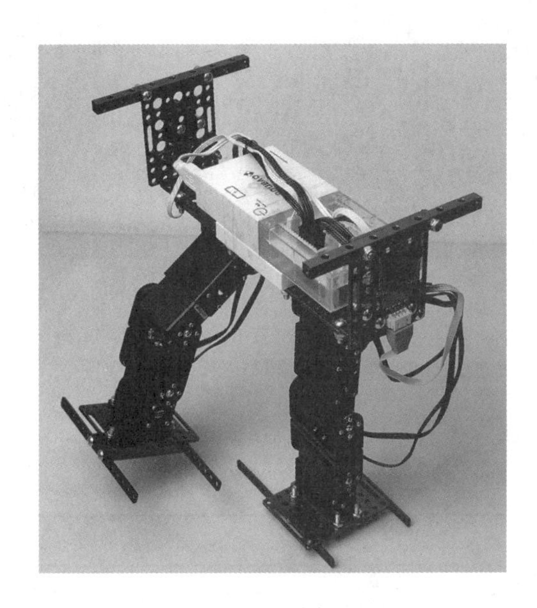

图 6.8　双足式机器人

2. 实验：搭建双足式机器人

（1）实验目的。

根据双足式机器人的形态特点，搭建一个六自由度双足式仿生机器人。

（2）实验器材。

机器人金属组件及相关材料、主控板、180° 舵机、数据线等。

（3）实验内容。

利用机器人组件中的金属材料，搭建一个六自由度双足式机器人。编写代码、调试程序、烧录程序，使机器人具备向前走、向后走、跑步等功能。

（4）实验提示。

整体结构：六自由度双足式机器人整体为六个舵机组成，两条腿上分别有三个舵机，双足式机器人正视图和侧视图如图 6.9 所示。

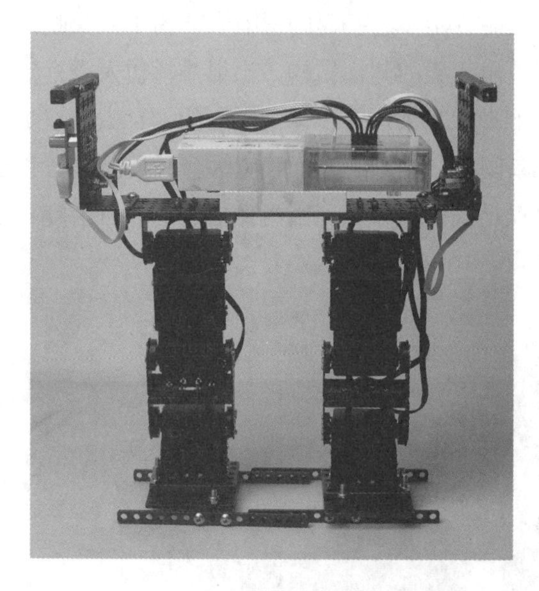

（a）正视图

（b）侧视图

图 6.9　双足式机器人正视图和侧视图

双足式机器人安装注意事项及参数调试方法见表 6.3。

表 6.3　双足式机器人安装注意事项及参数调试方法

双足式机器人安装示意图	安装注意事项
	①调整舵机初始位置为 90°，便于后续编程； ②调整脚掌结构，确保机器人在抬起一条腿的时候能够单腿站立，不受重力影响而侧翻； ③电子模块安装避免金属接触而造成短路问题
	参数调试方法
	①手动调节机器人步态，根据实际情况大致估计一组动作控制角度数据； ②OLED 模块显示数据，可通过红外遥控或者蓝牙手柄控制机器人，查看各个舵机角度信息

六自由度双足式机器人前进简单步态示意图如图 6.10 所示。

运动方向：左。

图 6.10　双足式机器人前进简单步态示意图

前进基本步态说明：保持机器人处于直立状态，迈开双足式机器人其中一条腿，使之保持悬空，弯曲另一条腿膝关节，使机器人在重力作用下，向前倾倒，最后所有关节舵机归正，完成单次向前移动。由于脚掌安装了防侧倾的支撑，导致双足机器人在运动过程中，容易出现不同位置支撑发生碰撞，故修改步态如图 6.11 所示。

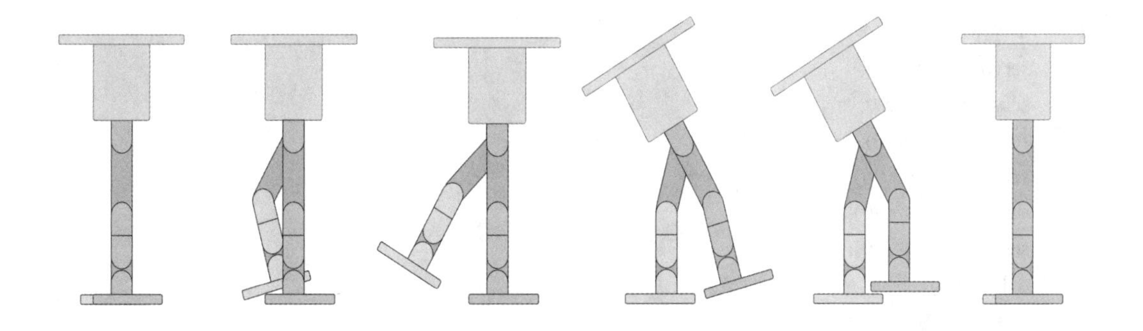

图 6.11　双足式机器人前进的修改步态示意图

后退和前进的步态是一样的，只是舵机顺序调整一下即可。

参考代码：【双足机器人行走】。

```
#include <Servo.h>
#include <IRremote.h>

String signal;
volatile int LC_1;
volatile int RC_1;

Servo servo_9;
Servo servo_8;
Servo servo_7;
Servo servo_12;
Servo servo_11;
Servo servo_10;
IRremote_Receive remoteReceive_2;

void setup( )
{
    // 左腿舵机，从上到下（2、4、6）
    servo_9.attach(9);
    servo_8.attach(8);
    servo_7.attach(7);
    // 右腿舵机，从上到下（1、3、5）
    servo_12.attach(12);
    servo_11.attach(11);
    servo_10.attach(10);
    // 舵机归中位
    servo_9.write(90);
    servo_8.write(90);
    servo_7.write(90);
    servo_12.write(90);
    servo_11.write(90);
    servo_10.write(90);
    delay(200);
    // 红外信号
    signal = "NULL";
    // 左腿最上舵机（2）安装中位
    LC_1 = 80;
    // 右腿最上舵机（1）安装中位
    RC_1 = 100;
    remoteReceive_2.begin(2);
    Serial.begin(9600);
}
```

安装中位：由于安装问题，会导致双足式机器人的最上舵机（1、2）出现向前或向后偏，影响正常步态，可通过修改 LC_1 和 RC_1，进行软件微调

```
void loop( )
{
    // 信号接收保存数据
    signal = remoteReceive_2.getIrCommand();
    // 去除空信号
    if (signal != "0")
    {
        // 如果按下按键 2
        if (signal == "FF18E7")
        {
            servo_9.write(40);
            servo_8.write(30);
            servo_7.write(90);
            delay(200);
            servo_8.write(75);
            delay(300);
            servo_12.write(RC_1);
            servo_11.write(75);
            servo_10.write(90);
            delay(300);
            servo_8.write(90);
            delay(200);
            servo_11.write(45);
            delay(300);
            servo_9.write(LC_1);
            servo_11.write(90);
            delay(300);
        }
        // 如果按下按键 8
        if (signal == "FF4AB5")
        {
            servo_12.write(60);
            servo_11.write(30);
            servo_10.write(90);
            delay(200);
            servo_11.write(75);
            delay(300);
            servo_9.write(LC_1);
            servo_8.write(75);
            servo_7.write(90);
            delay(300);
            servo_11.write(90);
            delay(200);
            servo_8.write(45);
            delay(300);
            servo_12.write(RC_1);
            servo_8.write(90);
            delay(300);
        }
    }
}
```

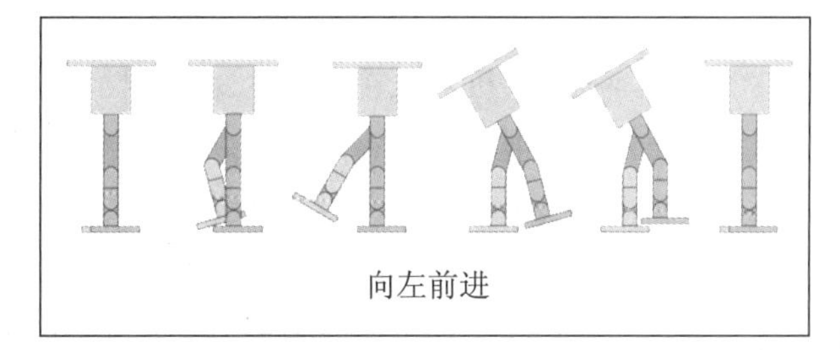
向左前进

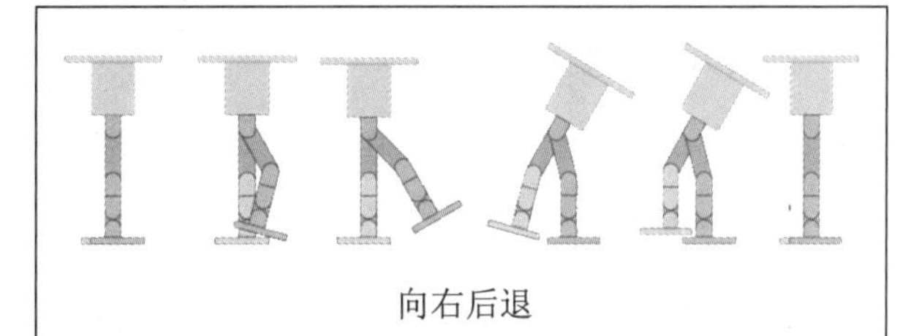
向右后退

第7章　竞技类机器人

竞技类机器人，是以竞技目的为前提，使用遥控或自动的手段让搭建出来的机器人，构成特殊形态、使用特定结构、实现规定要求、完成竞技任务。为实现竞技的公平性、对抗性的原则，竞技类机器人在结构性、功能性和规则性方面有着相对严格的要求，即在使用相同结构形态能够完成相同功能，并在制定好的规则的情况下，完成既定的比赛任务。虽然是机器人竞技比赛，但获胜与否，人的因素仍然是最重要的。因为竞技双方机器人虽然外形、结构大体相同，但是其中机械结构设计、软件算法设计、操作手法熟练度等是有很大差别的，这也是能否获得比赛胜利的关键。因此，在设计和制作竞技类机器人时，要培养见微知著、睹始如终的能力，运用优秀的机械结构设计能力，精益求精的软件算法，设计最合理且便于操作键位结构。从小处着眼，注重细节，赢得比赛。

下面，我们具体介绍利用套件搭建的竞技类机器人，其中2个为遥控行驶类机器人，1个为自动行驶类机器人。

7.1　足球竞技机器人

足球竞技机器人是一种模拟足球比赛规则进行的机器人竞技比赛，双方各有2个机器人组成，在特定的规则和时间下，哪方进球数越多，哪方取得胜利。

1. 机器人设计规则

机器人使用摩擦轮类底盘构成，配合一定的推动装置，实现足球的推动。

2. 比赛场地设计

足球竞技机器人比赛场地示意图如图7.1所示。

3. 比赛规则

比赛分为红、蓝两队，每队两台机器人，比赛时长为上半场时长5 min；中间5 min维修，调试机器人；下半场双方换场地，时长5 min。上、下半场5 min比赛时间内，机器人出现任何情况，不允许进行维修。防守方将球碰出底线，为角球，一台机器人在发车区域位置发角球，角球发出前，附近6格内不许有机器人。进攻方将球碰出底线，为门球，所有机器人回到发车区域，由防守方于门球发球点开始发球。

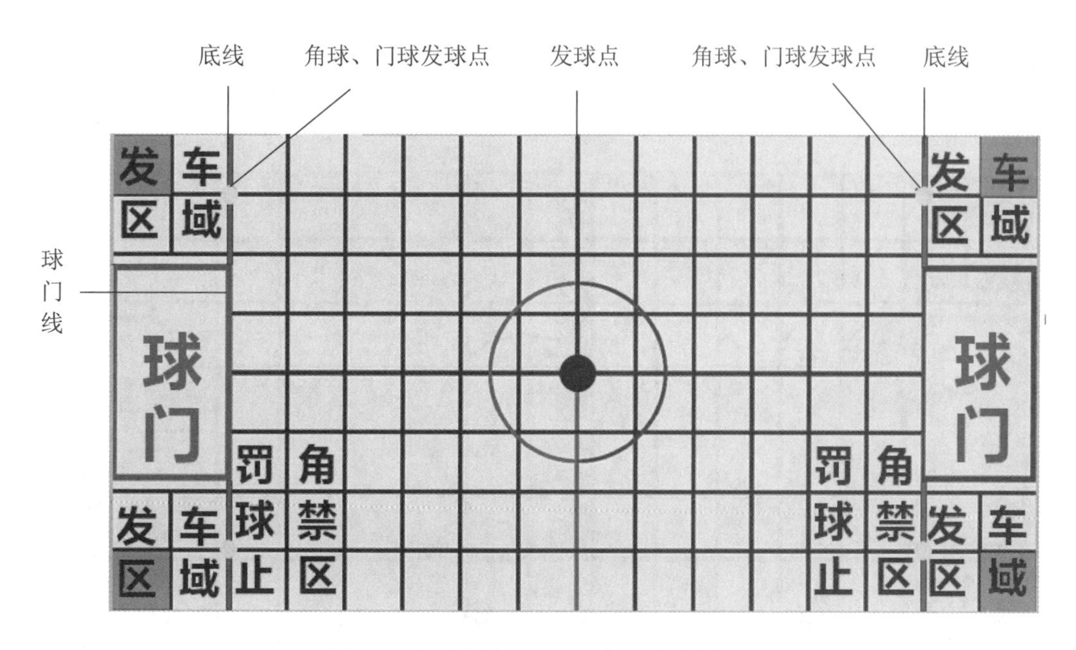

图 7.1　足球竞技机器人比赛场地示意图

7.2　篮球竞技机器人

篮球竞技机器人是一种模拟篮球比赛规则进行的机器人竞技比赛，双方各有 2 个机器人组成，在特定的规则和时间下，哪方进球数越多，哪方取得胜利。

1. 机器人设计规则

机器人可使用不同种类的运动底盘，配合一定的抓取投掷装置，实现篮球的抓取和投掷。

篮球竞技机器人尺寸要求：450 mm（长）×300 mm（宽）×700 mm（高）（长为场地发车区域一格半方块尺寸，宽为场地发车区域方块尺寸，高度为篮筐最高点）。

2. 比赛场地设计

篮球竞技机器人比赛场地示意图如图 7.2 所示。

3. 比赛规则

比赛分为红、蓝两队，每队一台机器人，比赛时长为上半场时长 5 min；中间 5 min 维修，调试机器人；下半场双方交换场地，时长 5 min。上、下半场 5 min 比赛时间内，机器人出现任何情况，不允许进行维修。图 7.2 场地中间圆形区域为发球区，也是进攻保护区，防守方不许进入，进入一次，黄牌一张，两张黄牌换 1 分。进攻时间为 30 s，30 s 内未进球则进攻失败，双方更换攻防。 进球得分规则：比赛以半个场地进行，右侧两个篮筐，进入任何一个即为进球，分数相同，均为 1 分，机器人投篮及进球结束，机器人的任何部位均未在篮筐上方时，进球得 2 分。

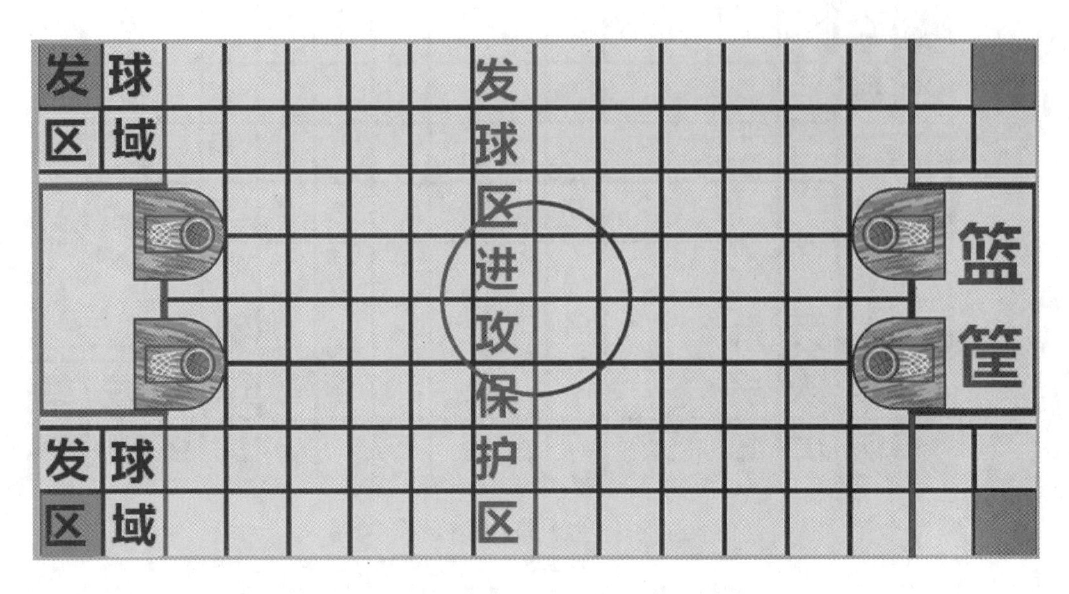

图 7.2　篮球竞技机器人比赛场地示意图

7.3　资源争夺对抗机器人

资源争夺对抗机器人是一种按照规则进行物料搬运的机器人竞技比赛，双方各有一个机器人在规定时间内，将不同颜色的物料块码垛到指定位置，哪方速度快，码放准确，哪方获得胜利。

1. 机器人设计规则

机器人可使用不同种类的运动底盘，配合一定的抓取装置，实现资源争夺。

机器人尺寸要求（长×宽×高）：300 mm×300 mm×300 mm。

2. 比赛场地设计

资源争夺对抗机器人比赛场地示意图如图 7.3 所示。

3. 整体规则

比赛分为红、蓝两队，每队一台机器人，比赛时长为上半场时长 3 min；中间 5 min 维修，调试机器人；下半场双方交换场地，时长 3 min。上、下半场 3 min 比赛时间内，机器人出现任何情况，不允许进行维修。任务得分：利用机器人将红、蓝、绿三色物块，由中间位置放到物料放置区（所有物块自由争夺），其中，绿色物块 3 分、红色物块 2 分、蓝色物块 1 分，若在放置区放置物块时，完成码垛，则该物块所得分数×2。

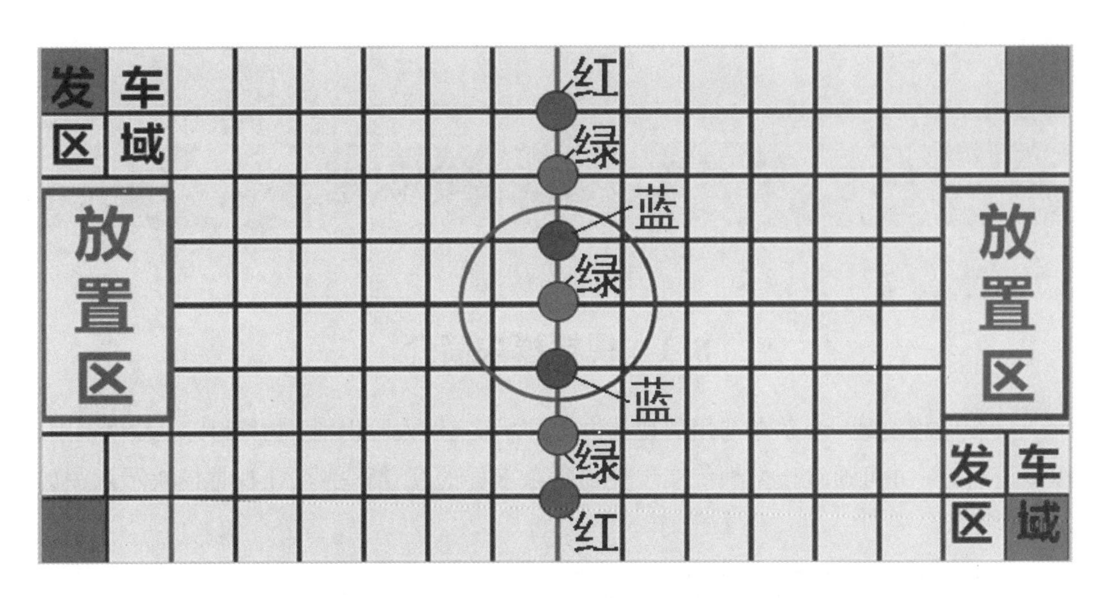

图 7.3　资源争夺对抗机器人比赛场地示意图（物块颜色已标示）

第 8 章　智能视觉识别

8.1　视觉模块简介

AI 视觉模块是一款简单易用的视觉传感器，可实现人脸识别、物体追踪、颜色识别、标签识别等，并可通过模型训练实现更加复杂多样的视觉识别。AI 视觉模块示意图如图 8.1 所示。

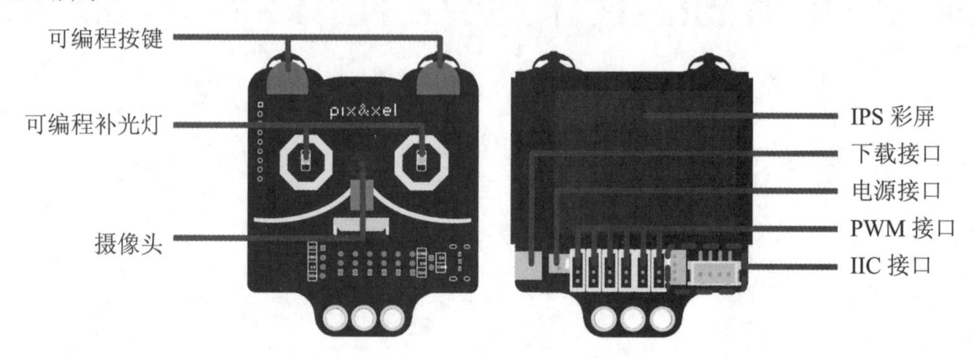

图 8.1　AI 视觉模块示意图

AI 视觉模块功能描述如下：

（1）支持 Python 编程语言开发。

（2）2.0 寸（1 寸＝3.333 333 cm）320*240 分辨率 LCD 彩屏。

（3）2 个可编程补光灯，2 组可编程按键。

（4）6 个 PWM 接口，可连接舵机等进行相关操作。

（5）板载 IIC 接口，可通过 IIC 接口与其他设备进行通信。

8.2　视觉编程环境搭建

1. 串口驱动安装

串口驱动安装参见 4.1.1 串口驱动安装。

MaixPy IDE 是视觉模块集成开发环境（开发环境下载地址见前言部分），搭载 MicroPython 解释器，允许用户在嵌入式上使用 Python 进行编程，Python 使机器视觉算法的编程变得简单很多。

2. MaixPy IDE 安装

以管理员身份运行下载的软件安装包，可根据实际情况修改安装路径，一般采用默认路径。下载软件安装包示意图如图 8.2 所示。

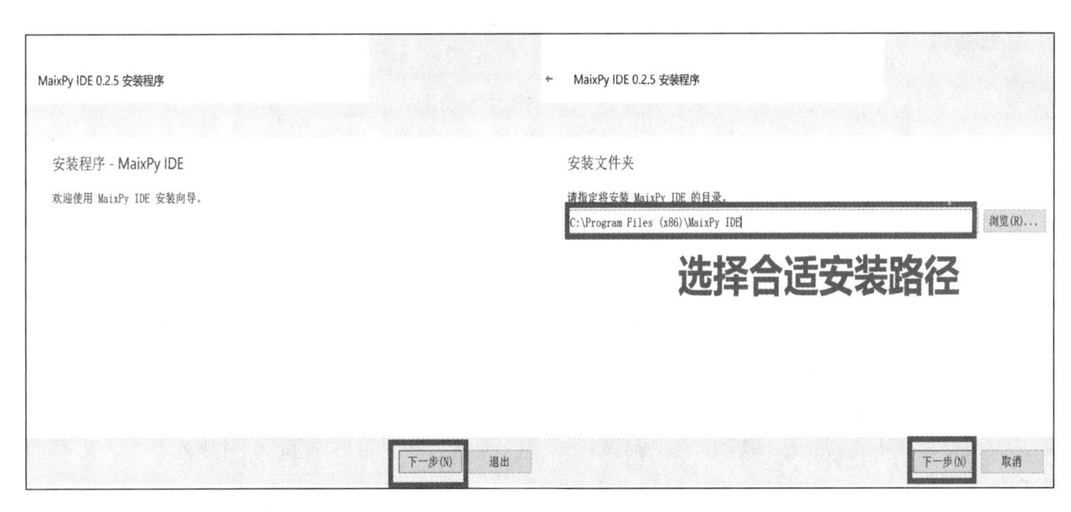

图 8.2　下载软件安装包示意图

同意许可协议，开始安装程序，如图 8.3 所示。

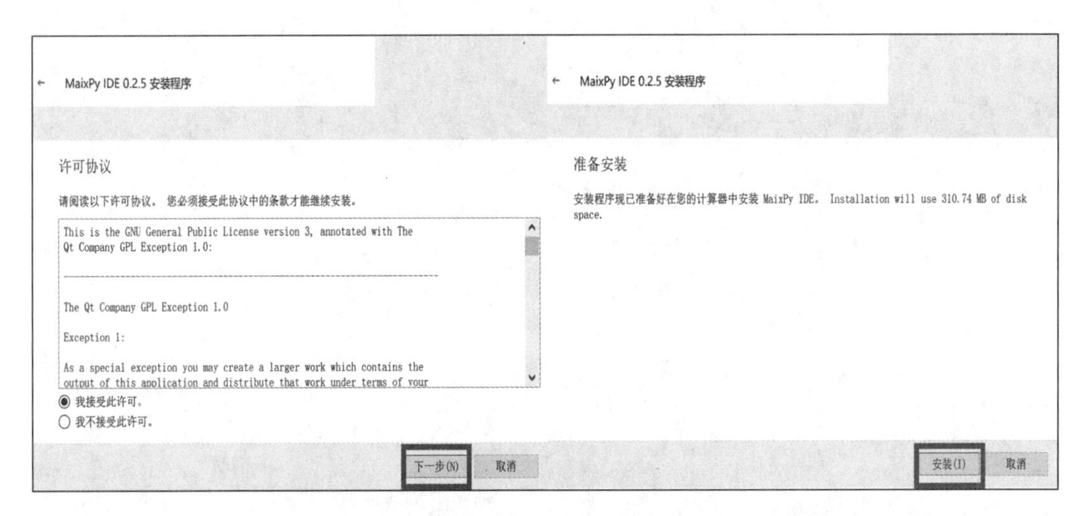

图 8.3　同意许可协议开始安装程序图

等待安装，安装完成并运行 MaixPy IDE 软件，如图 8.4 所示。

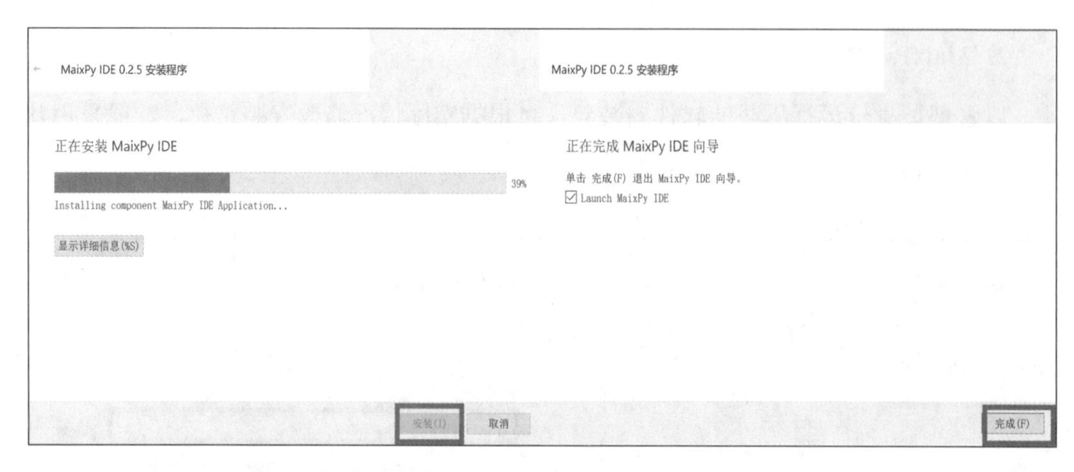

图 8.4　MaixPy IDE 正在安装

8.3　视觉编程软件简介

MaixPy IDE 包含文本编辑区、调试终端区、帧缓冲查看区（直方图显示区）、文本菜单栏和常用工具栏。MaixPy IDE 界面示意图如图 8.5 所示。

图 8.5　MaixPy IDE 界面示意图

1. 功能简介

菜单栏包含五个部分：文件、编辑、工具、窗口、帮助。

工具栏包含：新建、打开、保存、撤销、重做、剪切、复制、粘贴以及连接（串口）、开始（运行脚本）按钮。MaixPy IDE 工具栏按钮说明见表 8.1。

表 8.1　MaixPy IDE 工具栏按钮说明

工具栏图标	工具栏含义	按钮说明
	新建	创建一个新的文件
	打开	打开一个程序文件
	保存	保存当前程序文件
	撤销	撤销上一次代码编写操作
	重做	取消上一次撤销操作
	剪切	剪切选中代码段
	复制	复制选中代码段
	粘贴	粘贴剪切板中文本
	连接（串口）	电脑和视觉模块创建连接
	开始（运行脚本）	上传并运行当前程序文件

（1）文本编辑区。

MaixPy IDE 有一个由 QtCreator 后端支持的专业文本编辑器，可以对所有打开的文件进行无限撤销和重做、空格可视化、字体大小的控制以及相关查找和替换操作等。MaixPy IDE 还提供语法高亮、关键字的自动悬停提示。

（2）调试终端区。

要显示串行终端，请点击位于 MaixPy IDE 底部的串行终端按钮。可通过 print( )函数打印相关调试信息，所有调试文本将显示在串行终端中。此外，如果在 Windows/Linux 按 ctrl+f 或 Mac 上等效的快捷键，则可以搜索调试输出。

（3）帧缓冲查看区。

用于显示当前摄像头获取图像，可通过单击并拖动帧缓冲查看区来选择一个区域，直方图将显示该区域中的颜色分布。

2. 程序下载

使用 USB 下载线（Type-C）连接视觉模块和计算机，如图 8.6 所示。

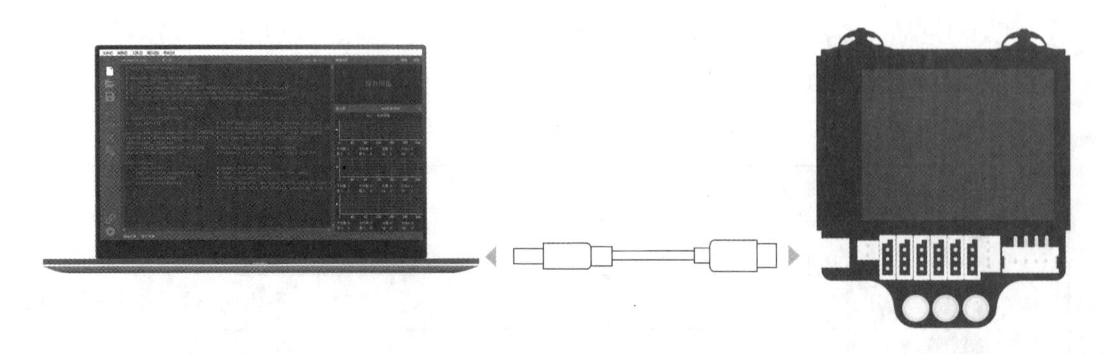

图 8.6 使用 USB 下载线（Type-C）连接视觉模块和计算机

点击连接 ，选择设备对应串口（不同计算机可能显示不同）即可完成连接如图 8.7 所示。

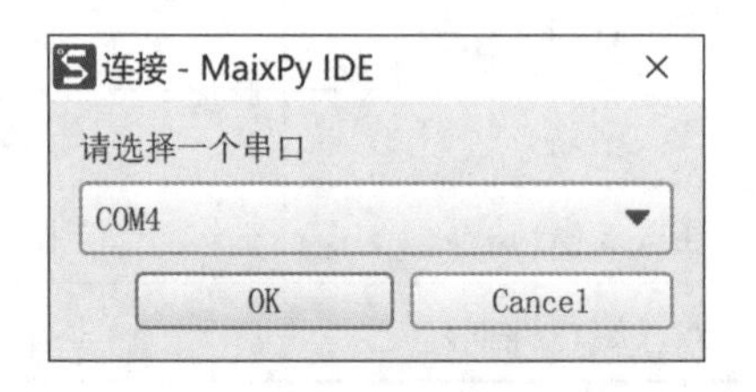

图 8.7 选择设备对应串口示意图

点击开始按钮 ，等待程序烧录完成，如图 8.8 所示。

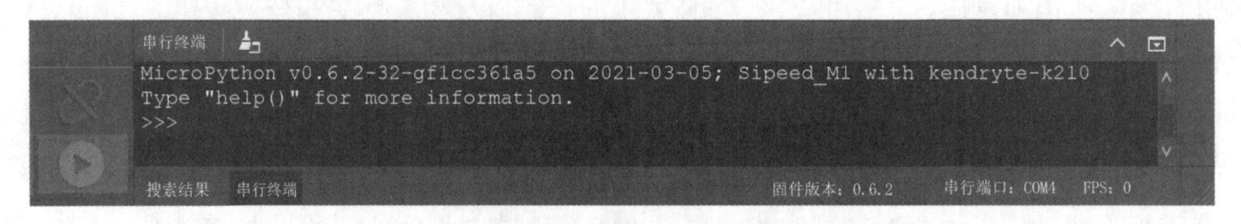

图 8.8 MaixPy IDE 程序烧录步骤图

8.4 视觉模块基础编程

1. 屏幕显示

LCD 屏幕（Liquid-Crystal Display）是一种液晶显示器，背光源白光穿透有颜色的薄膜便能显示出彩色。常用于显示图片以及相关图文信息，可以通过不同控制语句实现不同线条及图形显示，也可以实现英文、数字及符号文本显示。

参考代码：【打印不同图形】。

```
import lcd, image
#屏幕初始化
lcd.init( )
#创建新的空白图像对象(初始化为 0-黑色)
img = image.Image( )
#绘制文本
img.draw_string(100,80, "Hello World!", scale=2)
#绘制矩形
img.draw_rectangle((80,60,160,60), color = (255,0,0),fill = False)
#绘制填充矩形
img.draw_rectangle((80,120,160,60), color = (255,0,0),fill = True)
#绘制圆形
img.draw_circle(160,150,25,color = (255,255,255),thickness = 1, fill = False)
#绘制十字
img.draw_cross(160,150,color = (0,255,0),size = 10,thickness = 1)
#显示图像
lcd.display(img)
```


上面代码结果显示不同图形和文本的示意图如图 8.9 所示。

图 8.9　显示不同图形和文本的示意图

实际效果：上面代码结果显示不同图形和文本，如图 8.10 所示。

图 8.10　显示不同图形和文本的实际效果

2. 显示原理

LCD 屏幕，背光通过偏光片，只允许特定方向光线通过，然后通过液晶来调整第一张偏光片后偏正光的方向，使其能够通过第二张偏光片，通过调整电极片之间的电压来控制液晶分子排列的扭曲程度，从而控制通过第二张偏光片的光量，在此之前会经过彩色滤光片，滤除其他颜色，最终呈现出各种各样的颜色。LCD 屏幕显示示意图如图 8.11 所示。

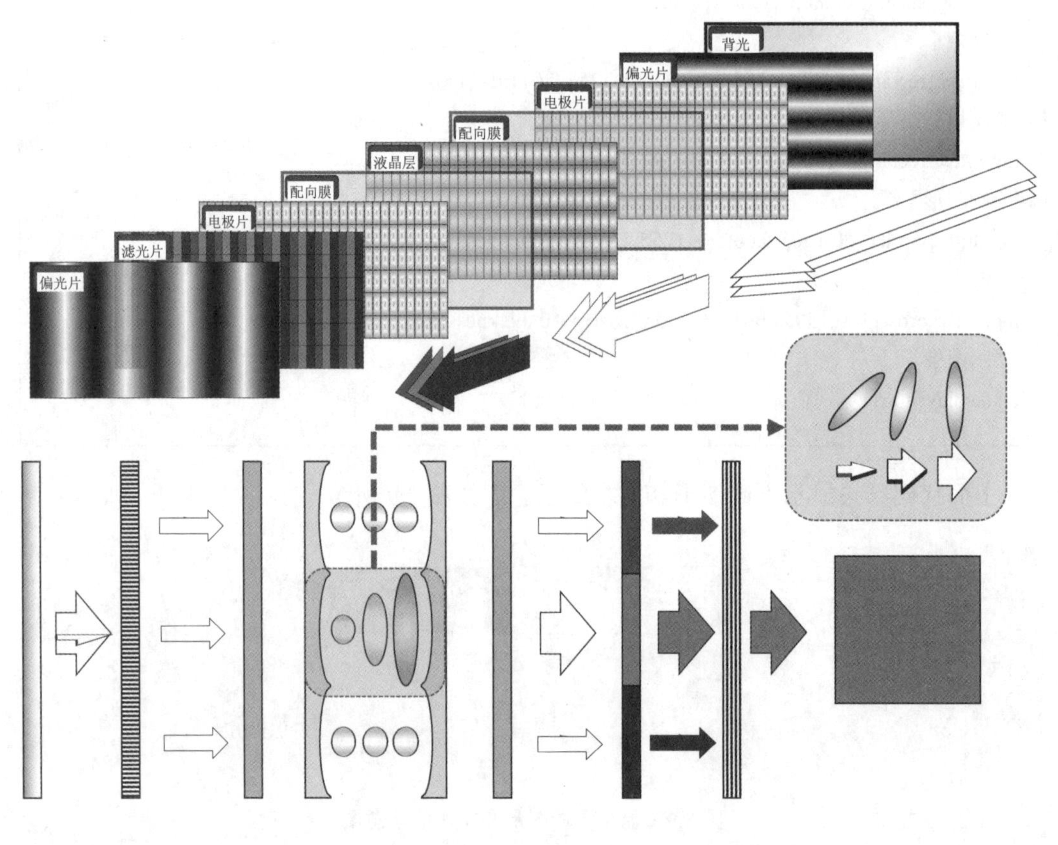

水平方向光可以通过　　液晶会扭曲水平方向光，中间部分光线被扭曲为竖直　　通过滤光片滤除其他着色　　竖直方向光线可通过　　像素显示绿色

图 8.11　LCD 屏幕显示示意图

3. 其他显示

MaixPy IDE 支持加载 Unicode 字库（字库文件下载地址见前言部分），该功能接口均使用 image.Image( )对象完成，目前只支持 ASCII / UTF-8 编码。

参考代码：【多国语言显示】。

```
import lcd, image
lcd.init( )
img = image.Image( )
image.font_load(image.UTF8, 16, 16, '/sd/font.Dzk')
img.draw_string(20, 30, b'Hello World!', scale=1, color=(255,255,255), x_spacing=2, mono_space=0)
img.draw_string(20, 60, b'你好，世界', scale=1, color=(0,0,255), x_spacing=2, mono_space=1)
img.draw_string(20, 90, b'こんにちは', scale=1, color=(255,255,255), x_spacing=2, mono_space=1)
img.draw_string(20, 120, b'안녕,세상이야.', scale=1, color=(255,0,0), x_spacing=2, mono_space=1)
img.draw_string(20, 160, b'簡繁轉換互換', scale=2, color=(0,255,255), x_spacing=2, mono_space=1)
image.font_free( )
lcd.display(img)
```

4. 摄像显示

摄像头是一个将光学信号转变成电信号的一个装置。在计算机视觉中，最简单的相机模型是小孔成像模型。小孔成像示意图如图 8.12 所示。

图 8.12　小孔成像示意图

参考代码：【摄像显示】。

```
import sensor                                  # 引入摄像头模块
import lcd                                     # 引入显示屏模块
# 显示屏初始化
lcd.init( )
# 摄像头初始化
sensor.reset( )                                # 初始化感光元件
sensor.set_pixformat(sensor.RGB565)            # 设置为彩色
sensor.set_framesize(sensor.QVGA)              # 设置图像的大小
sensor.set_vflip(True)                         # 打开（True）或关闭（False）垂直翻转模式
sensor.skip_frames(30)                         # 跳过n张照片，在更改设置后，跳过一些帧，等待感光元件变稳定
# 主程序循环
while(True):
    # 拍摄一张照片，img 为一个 image 对象
    img = sensor.snapshot( )
    lcd.display(img)
```

5. 图像信息

图像信息一般指的是像素和分辨率。感光元件是由很多个感光点构成的，比如有320×240个点，每个点就是一个像素。把每个点的像素收集整理起来，就是一张图片，那么这张图片的分辨率就是320×240，即图片宽度为320像素，高度为240像素。屏幕像素示意图如图8.13所示。

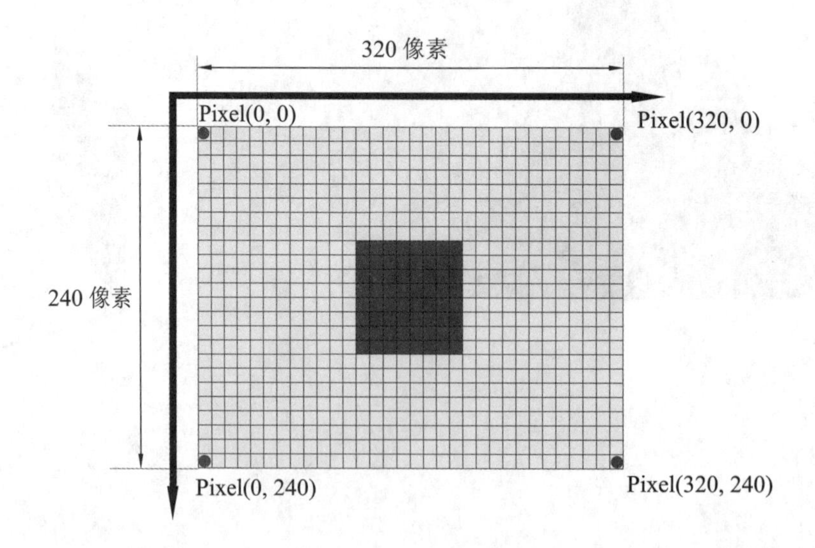

图 8.13　屏幕像素示意图

参考代码：【图像信息】。

```
import sensor                              # 引入摄像头模块
import lcd                                 # 引入显示屏模块
# 显示屏初始化
lcd.init( )
# 摄像头初始化
sensor.reset( )                            # 初始化感光元件
sensor.set_pixformat(sensor.RGB565)        # 设置为彩色
sensor.set_framesize(sensor.QVGA)          # 设置图像的大小
sensor.set_vflip(True)                     # 打开垂直翻转模式
sensor.skip_frames(30)                     # 跳过一些帧，等待感光元件变稳定
# 主程序循环
while(True):
    img = sensor.snapshot( )               # 拍摄一张照片，img 为一个 image 对象
    # 获取一个像素点的值
    # 对于灰度图：返回(x,y)坐标的灰度值
    # 对于彩色图：返回(x,y)坐标的(r,g,b)的 tuple
    color = img.get_pixel(160,120)
    # 绘制区域圆形
    img.draw_circle(180,120,5,color = (0,255,0),thickness = 2)
    # 绘制中心颜色信息
    text = "Center Color: { }".format(color)
    img.draw_string(10,180,text)
    # 绘制检测圆和填充圆
    img.draw_circle(240,205,30,thickness = 2)
    img.draw_circle(240,205,30,color = color,fill = True)
    # 绘制图像宽和高信息
    text = "Width: { } Height: { }".format(img.width( ),img.height( ))
    img.draw_string(10,200,text)
    # 绘制图像大小信息
    text = "Size: { } byte".format(img.size( ))
    img.draw_string(10,220,text)
    lcd.display(img)                       # 显示图像
```

实际效果：识别中心点颜色识别，如图 8.14 所示。

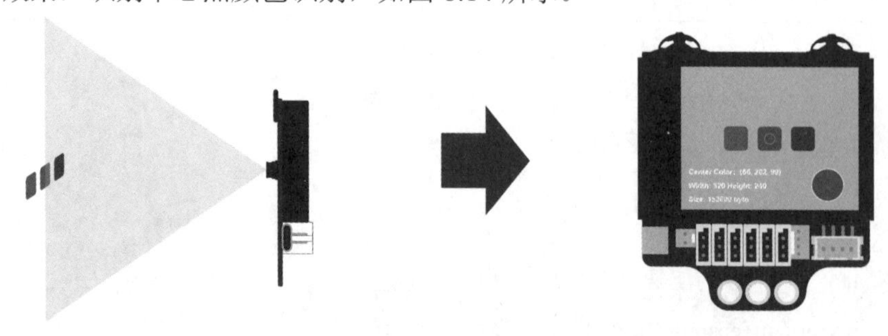

图 8.14　识别中心点颜色识别示意图

6. 按键编程

视觉模块一共有 2 个可编程按键，分别位于模块上方，左右各 1 个，分别可以进行向左拨动、向下按下和向右拨动三个不同状态触发，通过检测电信号的状态变化，可实现六个不同状态的触发。视觉模块按键示意图如图 8.15 所示。

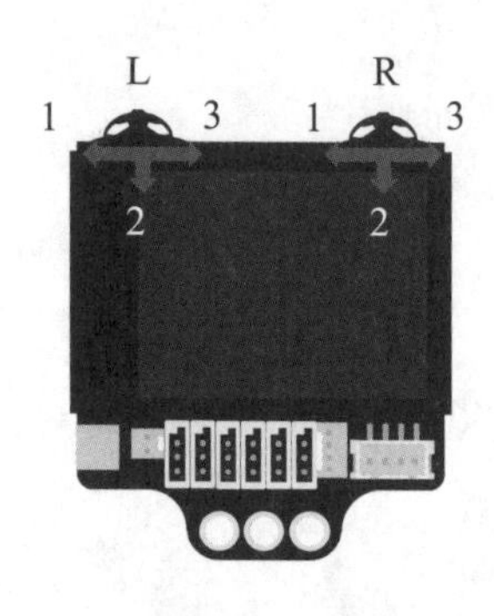

图 8.15　视觉模块按键示意图

参考代码：【按键设定】。

```
# 引入时间模块
import time
# 引入硬件端口模块
from Maix import GPIO
from fpioa_manager import fm

# 按键硬件引脚映射
# key_L
fm.register(23, fm.fpioa.GPIOHS1)
fm.register(22, fm.fpioa.GPIOHS2)
fm.register(21, fm.fpioa.GPIOHS3)
```

```
# 设置引脚为输入模式
key_R1 = GPIO(GPIO.GPIOHS1, GPIO.IN)
key_R2 = GPIO(GPIO.GPIOHS2, GPIO.IN)
key_R3 = GPIO(GPIO.GPIOHS3, GPIO.IN)
# key_R
fm.register(34, fm.fpioa.GPIOHS4)
fm.register(33, fm.fpioa.GPIOHS5)
fm.register(32, fm.fpioa.GPIOHS6)
# 设置引脚为输入模式
key_L1 = GPIO(GPIO.GPIOHS4, GPIO.IN)
key_L2 = GPIO(GPIO.GPIOHS5, GPIO.IN)
key_L3 = GPIO(GPIO.GPIOHS6, GPIO.IN)

# 等待函数——等待 100 ms
time.sleep_ms(100)
# 键值获取函数
def get_key(key):
    if key == 1:
        if key_L1.value( ) == 0:        # 等待按键 L1 按下
            return 1
    elif key == 2:
        if key_L2.value( ) == 0:        # 等待按键 L2 按下
            return 1
    elif key == 3:
        if key_L3.value( ) == 0:        # 等待按键 L3 按下
            return 1
    elif key == 4:
        if key_R1.value( ) == 0:        # 等待按键 R1 按下
            return 1
    elif key == 5:
        if key_R2.value( ) == 0:        # 等待按键 R2 按下
            return 1
    elif key == 6:
        if key_R3.value( ) == 0:        # 等待按键 R3 按下
            return 1
    else:
        return 0
```

```
while True:
    # 串行终端打印数据
    print([get_key(1),get_key(2),get_key(3),get_key(4),get_key(5),get_key(6)])
    print(15*"--")
```

实际效果：模块按键状态检测并打印（图 8.16）。

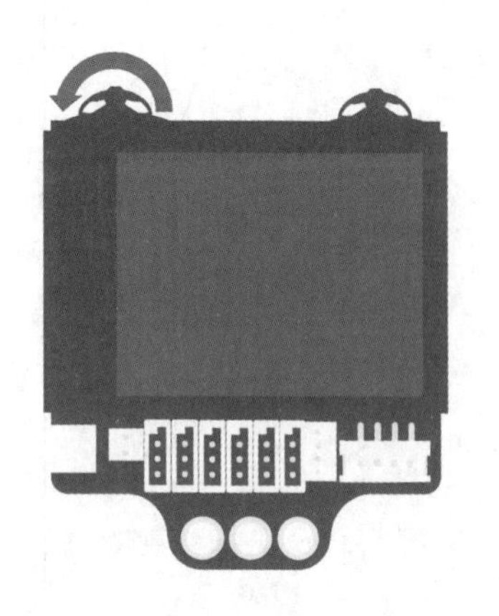

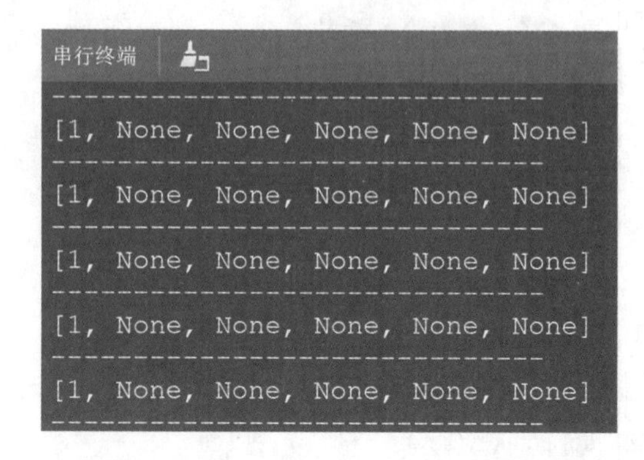

图 8.16　模块按键状态检测并打印示意图

7. 补光灯编程

视觉模块一共有 2 个可编程 LED 灯，分别位于模块中央，左右各一个，可通过编程实现补光灯的亮度调节。在不同灯光环境下，摄像头采集图像情况会各不一样，可通过适当调节补光灯亮度，从而做到提高识别效率。视觉模块补光灯示意图如图 8.17 所示。

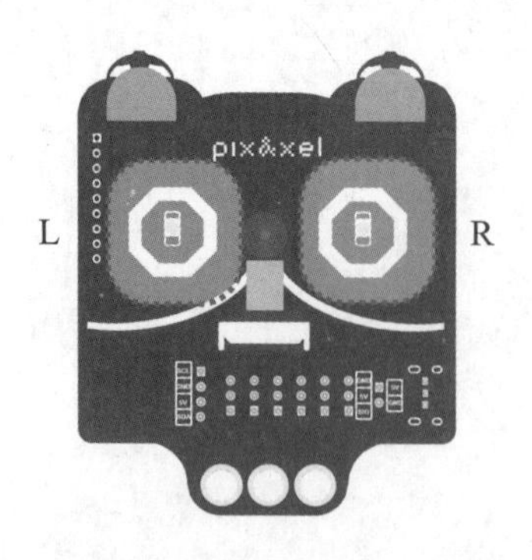

图 8.17　视觉模块补光灯示意图

参考代码：【补光灯程序】。

```
import time
from machine import Timer, PWM
# 初始化 PWM 时钟
tim1 = Timer(Timer.TIMER0, Timer.CHANNEL0, mode=Timer.MODE_PWM)
tim2 = Timer(Timer.TIMER0, Timer.CHANNEL1, mode=Timer.MODE_PWM)
# 初始化 PWM
# PWM 是用来控制补光灯的
ch1 = PWM(tim1, freq=500000, duty=0, pin=24, enable=False)
ch2 = PWM(tim2, freq=500000, duty=0, pin=35, enable=False)

ch1.enable( )                  # 左边 LED 补光灯
ch2.enable( )                  # 右边 LED 补光灯

while(True):
    for i in range(0,100,1):   # 补光灯亮度逐次增大
        ch1.duty(i)            # 设置左边补光灯亮度
        ch2.duty(i)            # 设置右边补光灯亮度
        time.sleep_ms(10)      # 延时 10 ms
    for i in range(100,0,-1):  # 补光灯亮度逐次变小
        ch1.duty(i)            # 设置左边补光灯亮度
        ch2.duty(i)            # 设置右边补光灯亮度
        time.sleep_ms(10)      # 延时 10 ms
```

8. 颜色阈值

阈值的定义其实就是“临界点”，可通过多个临界点确定一个颜色范围。一个颜色阈值的结构是这样的：red=（minL，maxL，minA，maxA，minB，maxB），元组里面的数值分别是 LAB 色彩空间中 L（明度）、A（从绿色到红色的分量）、B（从蓝色到黄色的分量）的最大值和最小值。

9. 阈值调整

（1）方法 1。

下载【摄像显示】程序，点击左下角运行程序，然后将目标物体放置于视野中，调整位置后，点击左下角停止按钮运行程序，直方图选择 LAB 色彩空间，鼠标框选右上角缓冲区待识别颜色范围。阈值范围获取示意图如图 8.18 所示。

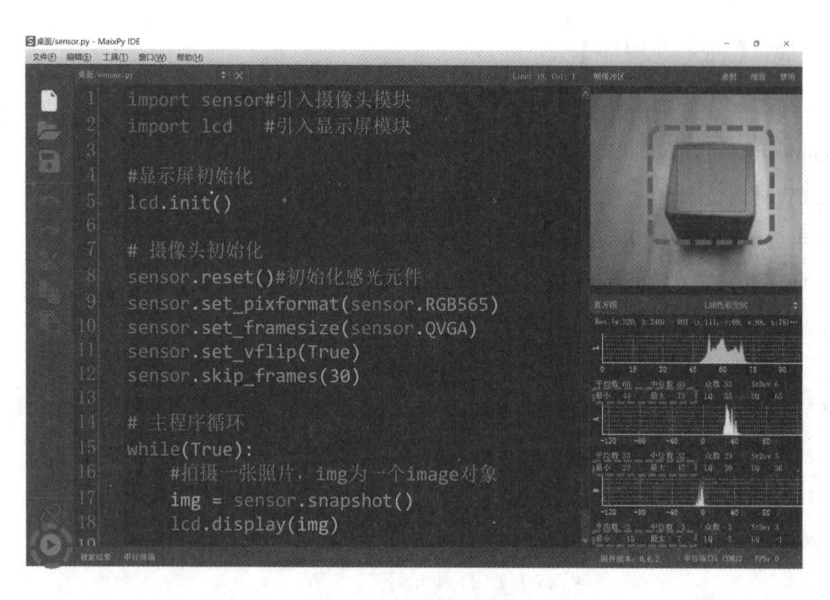

图 8.18　阈值范围获取示意图

（2）方法 2。

下载【摄像显示】程序，点击左下角运行程序，然后将目标物体放置于视野中，调整位置后，点击左下角停止按钮运行程序，再点击进入阈值编辑器（图 8.19），拖动滑块，调整 L、A、B 最小值和最大值，使得目标阈值在右侧显示白色。

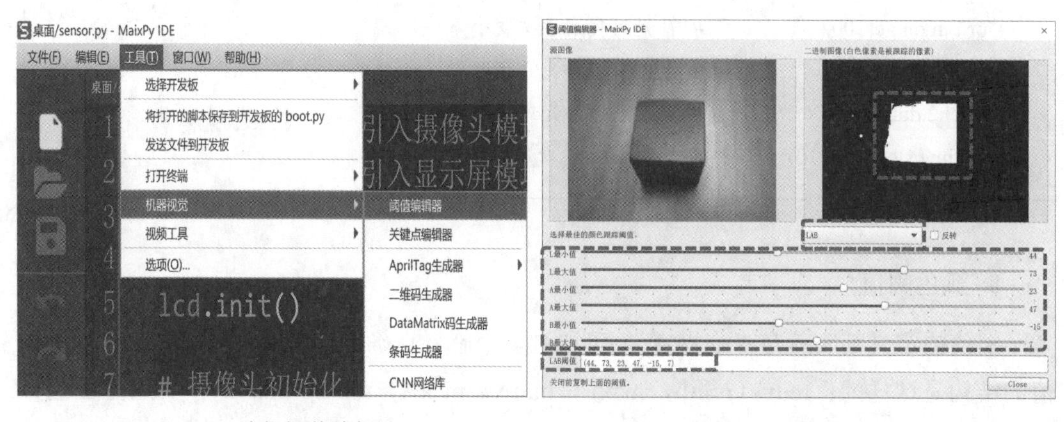

（a）选择阈值编辑器　　　　（b）调整阈值大小

图 8.19　阈值编辑器

（3）方法 3。

下载【阈值读取】程序，点击左下角运行程序，然后将目标物体放置于读取框中，屏幕显示阈值范围，并通过串行终端打印此区域颜色阈值范围。

参考代码：【阈值读取】。

```
import sensor, lcd                          # 引入摄像头模块，显示屏模块
lcd.init( )                                 # 显示屏初始化
sensor.reset( ) #初始化感光元件
sensor.set_pixformat(sensor.RGB565)         # 设置为彩色
sensor.set_framesize(sensor.QVGA)           # 设置图像的大小
sensor.set_vflip(True)                      # 打开垂直翻转模式
sensor.skip_frames(30)                      # 跳过一些帧，等待感光元件变稳定
ROI=(120,80,80,80)
while(True):
    img = sensor.snapshot( )                # 拍摄一张照片，img 为一个 image 对象
    statistics=img.get_statistics(roi=ROI)
    # LAB 色彩
    L = statistics.l_mode( )
    A = statistics.a_mode( )
    B = statistics.b_mode( )
    # LAB 阈值范围
    L_min = statistics.l_min( )
    L_max = statistics.l_max( )
    A_min = statistics.a_min( )
    A_max = statistics.a_max( )
    B_min = statistics.b_min( )
    B_max = statistics.b_max( )
    # 绘制 LAB 颜色
    text1 = "L: { }    A: { }    B: { }".format(L, A, B)
    img.draw_string(10,200,text1)
    # 绘制区域阈值
    text2 = "threhsold = ({ },{ },{ },{ },{ },{ })".format(L_min,L_max,A_min,A_max,B_min,B_max)
    img.draw_string(10,220,text2)
    img.draw_rectangle(ROI,thickness = 2)
    # 显示图像
    lcd.display(img)
    # 串行终端打印颜色识别数据
    print(50*"-")                           # 分隔线
    print(text1)                            # LAB 颜色
    print(text2)                            # 区域阈值
```

8.5 视觉模块应用案例

1. 色块识别

颜色是通过眼、脑和我们的生活经验所产生的一种对光的视觉效应，人为将某个范围的颜色称为红色、绿色或蓝色等，通过区分颜色所在颜色范围进而识别不同颜色。色块识别功能是通过组合颜色信息和统计信息达到识别的目的。颜色信息指的是摄像头采集图像单个像素点颜色信息；统计信息指的是统计图像某一区域内每个像素点的颜色范围值，像素点颜色信息在一特定颜色范围，就认为是一个色块，从而实现色块识别，如图 8.20 所示。

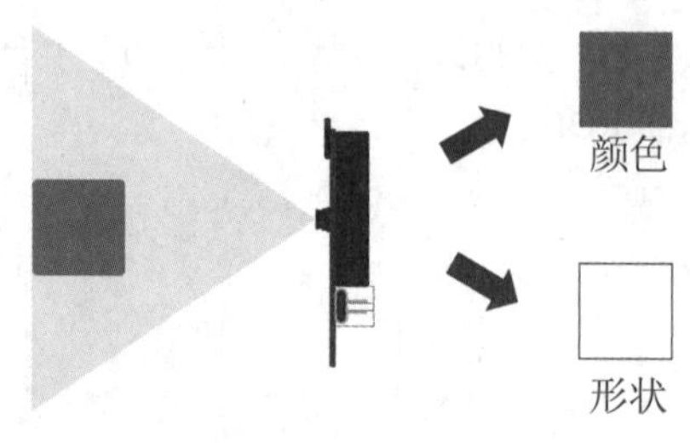

图 8.20 色块识别

参考代码：【单色色块识别】。

```
import sensor, image, lcd
color_threshold = [(30, 100, 15, 127, 15, 127)]          # 红色阈值
lcd.init( )
sensor.reset( )
sensor.set_pixformat(sensor.RGB565)
sensor.set_framesize(sensor.QVGA)
sensor.skip_frames(time = 1000)
sensor.set_vflip(1)
sensor.run(1)
while(True):
    img = sensor.snapshot( )
    blobs =img.find_blobs(color_threshold, pixels_threshold=100, area_threshold=100, merge=True)
    for blob in blobs:
        img.draw_rectangle(blob.rect( ))                 # 边框标记
        img.draw_cross(blob.cx( ), blob.cy( ))           # 中心标记
    lcd.display(img)
```

色块示例：

注：颜色阈值范围会受到当前环境光影响，可根据实际情况调整颜色阈值。

参考代码：【三色色块识别】。

```
import sensor, image, time, lcd

draw_color = [(255, 0, 0),                          # 红色
              (0, 255, 0),                          # 绿色
              (0, 0, 255)]                          # 蓝色

color_threshold = [[(30, 100, 15, 127, 15, 127) ],  # 红色阈值
                   [(20, 70, -127, -10, -64, 120)], # 绿色阈值
                   [(10, 60, -10, 55, -90, -10)] ]  # 蓝色阈值

def get_blocks(color_threshold,draw_color):
    blobs =img.find_blobs(color_threshold, pixels_threshold=100, area_threshold=100, merge=True)
    for blob in blobs:
        img.draw_rectangle(blob.rect( ), color = draw_color, thickness = 2, fill = False)
        img.draw_cross(blob.cx( ), blob.cy( ))

lcd.init( )
sensor.reset( )
sensor.set_pixformat(sensor.RGB565)
sensor.set_framesize(sensor.QVGA)
sensor.skip_frames(time = 1000)
sensor.set_vflip(1)
sensor.run(1)
clock = time.clock( )

while(True):
    clock.tick( )
    img = sensor.snapshot( )
    #print(clock.fps( ))
    get_blocks(color_threshold[0],draw_color[0])
    get_blocks(color_threshold[1],draw_color[1])
    get_blocks(color_threshold[2],draw_color[2])
    lcd.display(img)
```

色块示例：

红色 绿色 蓝色

注：颜色阈值范围会受到当前环境光影响，可根据实际情况调整颜色阈值。

参考代码：【最大色块识别】。

```
import sensor, image, time, lcd
draw_color = [(255, 0, 0),                          # 红色
              (0, 255, 0),                          # 绿色
              (0, 0, 255)]                          # 蓝色
color_threshold = [[(30, 100, 15, 127, 15, 127) ],  # 红色阈值
                   [(20, 70, -127, -10, -64, 120)], # 绿色阈值
                   [(10, 60, -10, 55, -90, -10)] ]  # 蓝色阈值

def get_blocks(color_threshold):
    blobs =img.find_blobs(color_threshold, pixels_threshold=100, area_threshold=100, merge=True)
    max_size = 0
    list_blob = [0,0,0,0,0,0,0]
    for blob in blobs:
        if blob[2]*blob[3] > max_size: #blob[2]*blob[3]为面积
            max_size = blob[2]*blob[3]
            list_blob.clear( )
            list_blob = [blob[0],blob[1],blob[2],blob[3],blob[4],blob[5],blob[6]]
    return list_blob

lcd.init( )
sensor.reset( )
sensor.set_pixformat(sensor.RGB565)
sensor.set_framesize(sensor.QVGA)
sensor.skip_frames(time = 1000)
sensor.set_vflip(1)
sensor.run(1)

while(True):
    img = sensor.snapshot( )
    r_blob = get_blocks(color_threshold[0])
    img.draw_rectangle(tuple(r_blob[0:4]), color = draw_color[0], thickness = 2)
    img.draw_cross(r_blob[5],r_blob[6])
    g_blob = get_blocks(color_threshold[1])
    img.draw_rectangle(tuple(g_blob[0:4]), color = draw_color[1], thickness = 2)
    img.draw_cross(g_blob[5],g_blob[6])
    b_blob = get_blocks(color_threshold[2])
    img.draw_rectangle(tuple(b_blob[0:4]), color = draw_color[2], thickness = 2)
    img.draw_cross(b_blob[5],b_blob[6])
    lcd.display(img)
```

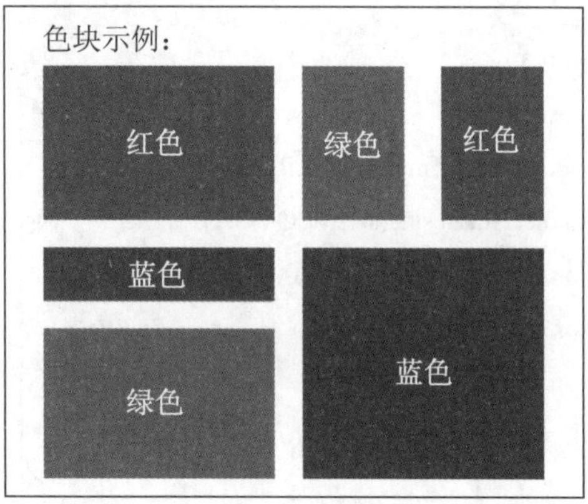

色块示例：

红色 绿色 红色

蓝色 蓝色

绿色

注：颜色阈值范围会受到当前环境光影响，可根据情况调整颜色阈值。

2. 距离测量

距离是指两个物体在空间相隔或间隔的长度。常规传感器测距，比如超声波测距，是通过测量发送超声波和接收返回超声波时间间隔，通过计算可得；但视觉测距需要通过参照实际空间物体大小映射到摄像头像素所占大小，从而通过比例计算获取，如图 8.21 所示。

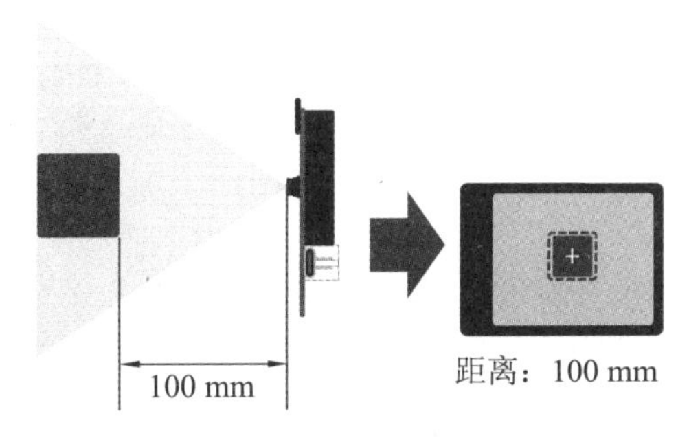

图 8.21 距离测量

距离测量原理如图 8.22 所示。

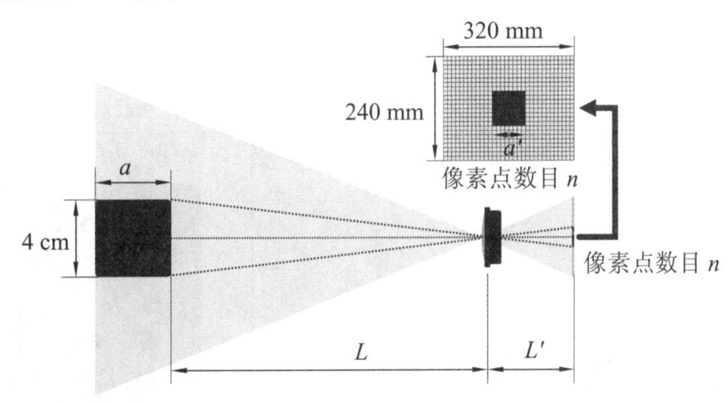

图 8.22 距离测量原理

已知实际蓝色方块边长 a 为 4 cm，固定值 L'，则

$$\frac{L}{L'}=\frac{a}{a'}=\frac{a}{\sqrt{n}}$$

$$L=\frac{a\times L'}{\sqrt{n}}=\frac{K}{\sqrt{n}}$$

边长 a 和 L' 都是固定的长度，可以看成一个常量 K，a'为成像边长像素，实际距离 $L=K/a'$，放置物体距离摄像头 100 mm，即 L=100 mm，通过公式计算便可获得常数 K。

$$K=\frac{L}{\sqrt{n}}\rightarrow L=\frac{K}{\sqrt{n}}$$

参考代码：【距离测量】。

```
import sensor, image, time, lcd, math
K = 12000
draw_color = (0, 0, 255)                                   # 蓝色
color_threshold = [(10, 80, -96, 32, -100, -20)]     # 蓝色阈值

def get_max_blocks(color_threshold):
    blobs =img.find_blobs(color_threshold, pixels_threshold=100, area_threshold=100, merge=True)
    max_size = 0
    list_blob = [0,0,0,0,0,0,0]
    for blob in blobs:
        if blob[2]*blob[3] > max_size: #blob[2]*blob[3]为面积
            max_size = blob[2]*blob[3]
            list_blob.clear( )
            list_blob = [blob[0],blob[1],blob[2],blob[3],blob[4],blob[5],blob[6]]
    return list_blob
def get_distance(m_blob):
    L = m_blob[4]**0.5
    if(L != 0):
        length = K/L
    else:
        length = 0
    return length

lcd.init( )
sensor.reset( )
sensor.set_pixformat(sensor.RGB565)
sensor.set_framesize(sensor.QVGA)
sensor.skip_frames(time = 1000)
sensor.set_vflip(1)
sensor.run(1)
clock = time.clock( )
while(True):
    clock.tick( )
    img = sensor.snapshot( )
    b_blob = get_max_blocks(color_threshold)
    img.draw_rectangle(tuple(b_blob[0:4]), color = draw_color, thickness = 2, fill = False)
    img.draw_cross(b_blob[5],b_blob[6])
    print("b_distance:%dmm" %get_distance(b_blob))
    lcd.display(img)
```

色块示例：

默认色块边长为 4 cm，可根据实际色块边长修改系数 K

注：识别框需完全框住蓝色色块，可根据情况调节颜色阈值范围。

3. 巡线检测

巡线检测，是摄像头采集待识别路线，通过对图像进行预处理，检测线条边缘轮廓，识别出对应路线。通过绘图函数对已识别出路线进行画框标记并做出简单的指向信息，从而实现控制设备执行相关指令。巡线检测如图 8.23 所示。

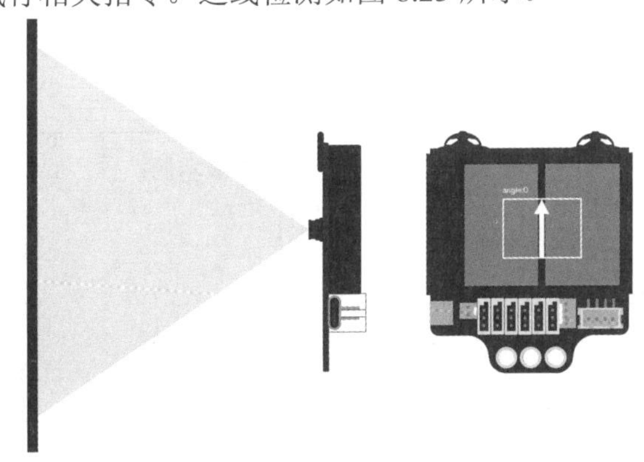

图 8.23　巡线检测

通过对识别区域划分成多个小长条区域，此处划分了 24 个小长条，分别用色块识别函数识别出此区域内最大色块，通过对各个区域间色块中心点进行连接，实现对路线标记，最终通过对色块中心点数据进行处理，实现控制。路线标记原理如图 8.24 所示。

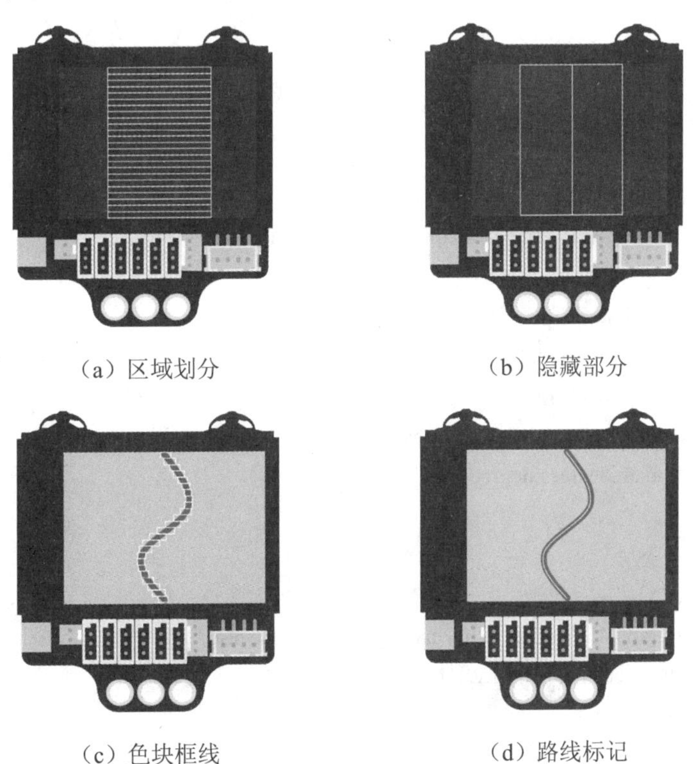

（a）区域划分　（b）隐藏部分

（c）色块框线　（d）路线标记

图 8.24　路线标记原理

参考代码：【巡线检测】。

```
# 快速线性回归（巡线）
# 使用 get_regression( )方法来获得 ROI 的线性回归
# 快速线性回归，使用最小二乘法来拟合线。然而，这种方法对于任何具有很多（或者甚至是任
  何）异常点的图像都是不好的，这会破坏线条拟合
# Grayscale threshold for dark things

import sensor, image, time, lcd, math

# 设置阈值，（0，100）检测黑色线
THRESHOLD = (0, 100)

lcd.init( )
sensor.reset( )
sensor.set_pixformat(sensor.GRAYSCALE)
sensor.set_framesize(sensor.QVGA)
sensor.set_vflip(1)
sensor.skip_frames(time = 2000)

while(True):
    img = sensor.snapshot( )
    line = img.get_regression([THRESHOLD],roi = (80,60,160,120))
    if (line):
        if(line.y1( ) > line.y2( )):
            position = (line.x1( ),line.y1( ),line.x2( ),line.y2( ))
        else:
            position = (line.x2( ),line.y2( ),line.x1( ),line.y1( ))
        img.draw_arrow(position,thickness = 5)
        if(line.y1( ) != line.y2( )):
            degree = math.atan((position[2]-position[0])/(position[1]-position[3]))
            angle = math.degrees(degree)
        else:
            angle = "N/A"

    img.draw_string(80,45,"angle: {}".format(str(angle) if line else "N/A"))
    img.draw_rectangle((80,60,160,120),thickness = 1)

    lcd.display(img)
```

参考代码：【路线标记】。

路线示例：

```
import sensor, image, time, math, lcd
GRAYSCALE_THRESHOLD = [(0, 64)]   # 如果是白线，GRAYSCALE_THRESHOLD = [(128, 255)]
num = 24                          # 区域分割数目
ROIS = [ ]                        # 分割区域列表
# 区域分割
for i in range(num-1):
    ROIS.append((80,i*(240//num),160,240//num))
# 各项初始化
lcd.init( )
sensor.reset( )
sensor.set_pixformat(sensor.GRAYSCALE)
sensor.set_framesize(sensor.QVGA)
sensor.skip_frames(50)
sensor.set_vflip(1)
# 区域范围内最大色块中心
def max_block_center(area):
    blobs = img.find_blobs(GRAYSCALE_THRESHOLD, roi=area, merge=True)
    if blobs:
        largest_blob = 0
        most_pixels = 0
        for i in range(len(blobs)):
            if blobs[i].pixels( ) > most_pixels:
                most_pixels = blobs[i].pixels( )
                largest_blob = i
        center = (blobs[largest_blob].cx( ),blobs[largest_blob].cy( ))
        return (center)
    else:
        return (-1,-1)                # 返回异常值
while(True):
    points = [ ]                      # 色块中心点列表
    line_point = [ ]                  # 色块中心点
    img = sensor.snapshot( )
    for area in ROIS:                 # 分割区域范围内寻找色块
        points.append(max_block_center(area))
    img.draw_rectangle((80,0,160,240))   # 框选识别区域
    for i in range(len(points)-1):       # 色块中心点连线
        if(points[i][0] == -1 or points[i+1][0] == -1 ):
            continue                  # 跳过异常空中心点
        else:
            line_point = (points[i][0],points[i][1],points[i+1][0],points[i+1][1])
            img.draw_line(line_point)
    lcd.display(img)
```

4. 条码识别

条形码（Barcode）是将宽度不等的多个黑条和空白，按照一定的编码规则排列，用以表达一组信息的图形标识符。常见的条形码是由反射率相差很大的黑条（简称条）和白条（简称空）排成的平行线图案，如图 8.25 所示。

图 8.25　条形码

二维码（QR Code）（图 8.26），从字面上看就是用两个维度（水平方向和垂直方向）来进行数据的编码，条形码只利用了一个维度（水平方向）表示信息，在另一个维度（垂直方向）没有意义，所以二维码比条形码有着更高的数据存储容量（条形码、二维码生成网址见前言部分）。

图 8.26　二维码

条码识别是通过摄像头采集等待识别条码照片，对图像进行预处理，检测条码边缘轮廓，识别出对应条码信息。即通过绘图函数对已识别出条码进行画框标记并对于做出简单的指向信息，从而控制设备实现相关指令。二维码识别如图 8.27 所示。

图 8.27　二维码识别

条码图例如图 8.28 所示。

1+2

abc

ABC

（a）条形码

1234567890

1+3>2

hello

（b）QR 码

图 8.28　条码图例

参考代码：【条形码识别】。

```
import sensor, image, time, math, lcd
lcd.init( )
sensor.reset( )
sensor.set_pixformat(sensor.RGB565)
sensor.set_framesize(sensor.QVGA)
sensor.skip_frames(time = 2000)
sensor.set_vflip(1)
def barcode_name(code):
    if(code.type( ) == image.EAN2):
        return "EAN2"
    if(code.type( ) == image.EAN5):
        return "EAN5"
    if(code.type( ) == image.EAN8):
        return "EAN8"
    if(code.type( ) == image.UPCE):
        return "UPCE"
```

```
    if(code.type( ) == image.ISBN10):
        return "ISBN10"
    if(code.type( ) == image.UPCA):
        return "UPCA"
    if(code.type( ) == image.EAN13):
        return "EAN13"
    if(code.type( ) == image.ISBN13):
        return "ISBN13"
    if(code.type( ) == image.I25):
        return "I25"
    if(code.type( ) == image.DATABAR):
        return "DATABAR"
    if(code.type( ) == image.DATABAR_EXP):
        return "DATABAR_EXP"
    if(code.type( ) == image.CODABAR):
        return "CODABAR"
    if(code.type( ) == image.CODE39):
        return "CODE39"
    if(code.type( ) == image.PDF417):
        return "PDF417"
    if(code.type( ) == image.CODE93):
        return "CODE93"
    if(code.type( ) == image.CODE128):
        return "CODE128"
while(True):
    img = sensor.snapshot( )
    codes = img.find_barcodes(roi = (0,80,320,80))
    img.draw_rectangle((0,80,320,80),color = (255,255,255))

    for code in codes:
        #print(code)
        txt = barcode_name(code)+" data: "+code.payload()
        img.draw_rectangle(code.rect( ),color = (0,255,0),thinckness = 2)
        img.draw_string(20,40,txt ,color = (255,0,0),scale = 2)

    lcd.display(img)
```

参考代码：【二维码识别】。

```
import sensor, image, lcd

lcd.init( )
sensor.reset( )
sensor.set_pixformat(sensor.RGB565)
sensor.set_framesize(sensor.QVGA)
sensor.set_vflip(1)
sensor.skip_frames(30)

while True:
    img = sensor.snapshot( )
    qrcodes = img.find_qrcodes( )
    #print(qrcodes)

    for qrcode in qrcodes:
        img.draw_rectangle(qrcode.rect( ),color = (0,255,0),thickness = 2)
        img.draw_string(qrcode.x( ),(qrcode.y( )-15), qrcode.payload( ), color=(255,0,0))
        print(qrcode.payload( ))
    lcd.display(img)
```


5. 标签识别

AprilTags 是基准标记的一种流行形式，它在机器人技术中具有广泛的应用，如对象跟踪、视觉定位、SLAM 准确性评估和人机交互等。

AprilTags 标记在机器视觉中显得比条形码、二维码更加有用，因为它能够通过 AprilTags 检测程序可以计算相对于相机的精确 3D 位置、方向和 id。真实世界中的 3D 位置对于机器来说非常有用，常用于各种任务，包括 AR、机器人和相机校准。AprilTags 标签如图 8.29 所示。

标签识别是通过摄像头采集等待识别标签照片，对图片进行预处理，检测标签边缘轮廓，识别出对应标签信息。即通过绘图函数对已识别出标签进行画框标记并对于做出简单的指向信息，从而控制设备执行相关指令。标签识别如图 8.30 所示。

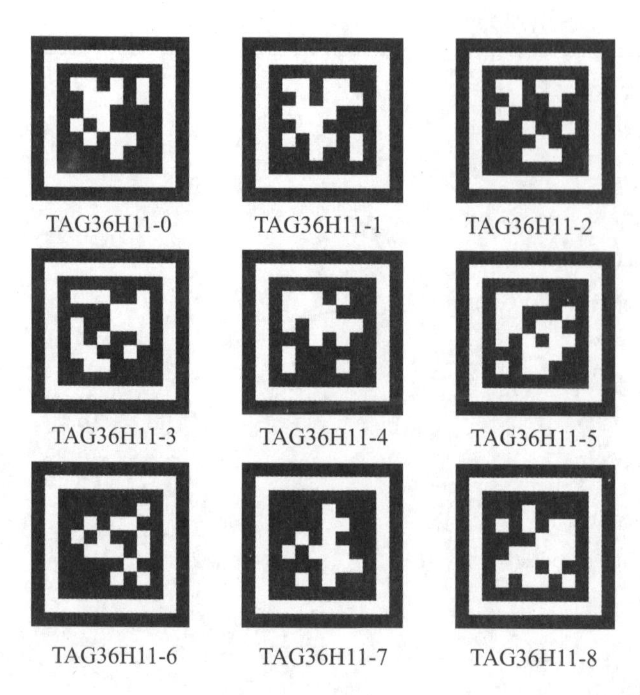

图 8.29　AprilTags 标签

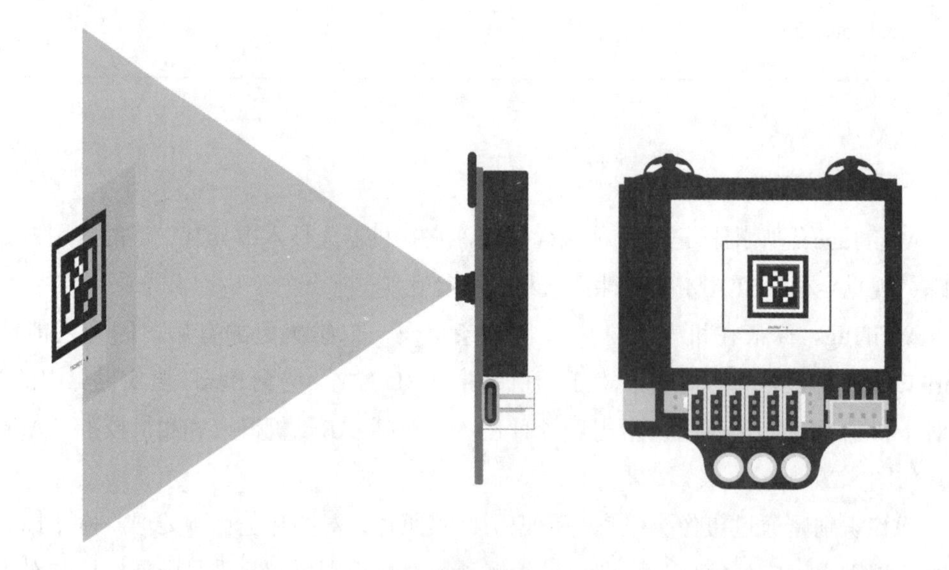

图 8.30　标签识别

参考代码：【标签识别】。

```
import sensor, image, time, lcd,math

lcd.init( )
sensor.reset( )
sensor.set_pixformat(sensor.RGB565)
sensor.set_framesize(sensor.QVGA)
sensor.set_vflip(1)
sensor.skip_frames(30)

while(True):
    img = sensor.snapshot( )
    tags = img.find_apriltags(roi = (80,60,160,120))
    img.draw_rectangle((80,60,160,120),color = (0,0,255))

    for tag in tags:
        img.draw_rectangle(tag.rect( ), color = (255, 0, 0))
        img.draw_cross(tag.cx( ), tag.cy( ), color = (0, 255, 0))
        degress = 180 * tag.rotation( ) / math.pi
        print(tag.id( ),degress)
    lcd.display(img)
```

第 9 章　综合应用案例：视觉机械臂

视觉机械臂是通过视觉模块识别不同物体或图案信息，从而通过识别信息做出相应的反应，从而实现物体追踪、物品分类、指令。简易流程：视觉识别—信息传递—运动控制。

9.1　视觉识别

9.1.1　识别方式

视觉模块可实现色块识别、距离测量、巡线检测、二维码识别、条码识别、标签识别等多种运用，可通过选择不同的识别方式进行物体识别。各类视觉识别示意如图 9.1 所示。

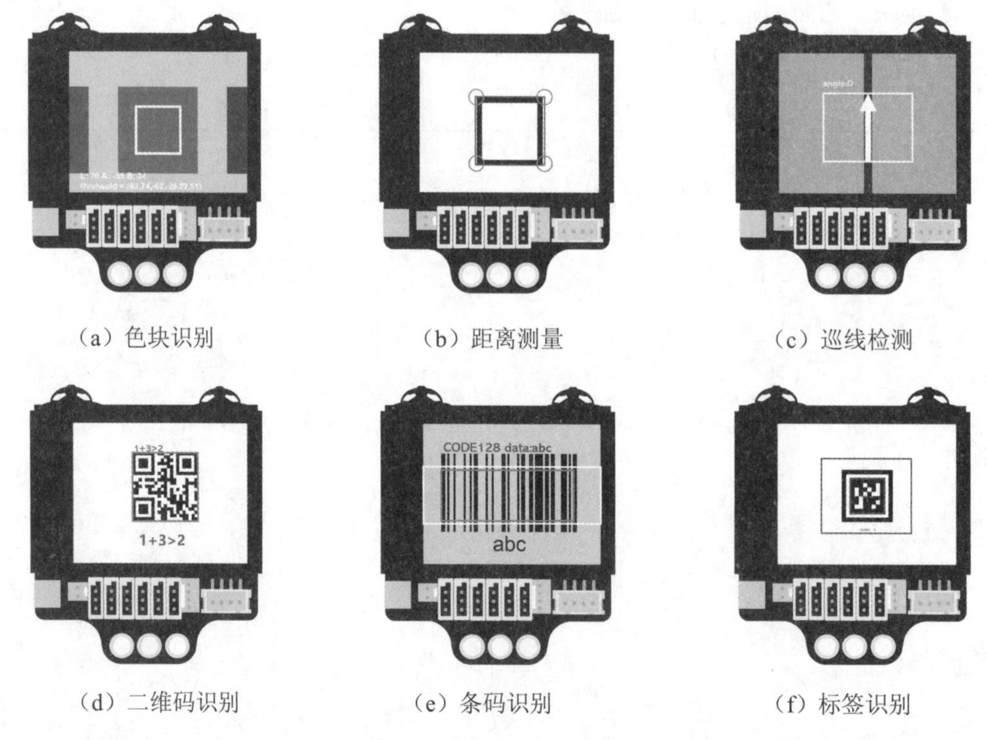

（a）色块识别　（b）距离测量　（c）巡线检测

（d）二维码识别　（e）条码识别　（f）标签识别

图 9.1　各类视觉识别示意

9.1.2　安装位置

视觉模块可以固定在机械臂上，也可以固定在其他位置，不同的固定方式，视觉模块所获取的数据也会有所不同，实际的控制方式也会发生相应的改变。视觉模块固定在机械臂上，通过识别物体落在视觉模块识别范围中心区域实时物体跟踪，但由于传感器的实际位置在现实空间中实时变化，对于物体与模块之间的相对位置距离检测误差较大；视觉模块固定在机械臂之外，由于视角距离恒定，可通过视觉识别确定物体相对于机械臂的位置关系，来实现物体抓取，如图 9.2 所示。

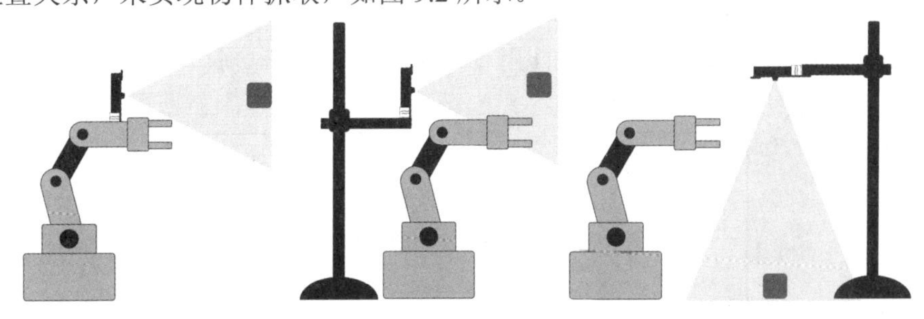

图 9.2　视觉模块安装示意图

9.2　信息传递

信息数据的传递，推荐 IIC 和 UART 两种总线方式。IIC 能够实现 1 对多信息传递，速度不快，UART 只能实现 1 对 1，但速度快，通常能够达到 115 200 bps 的速度。

1. II C 总线

IIC 总线是一种同步、双向、半双工的两线式串行接口总线。

IIC 总线由两条总线组成：串行时钟线 SCL 用作产生同步时钟脉冲；串行数据线 SDA 用作在设备间传输串行数据。

IIC 总线是共享的总线系统，因此可以将多个 IIC 设备连接到该系统上。连接到 IIC 总线上的设备既可以用作主设备，也可以用作从设备。IIC 总线示意图如图 9.3 所示。

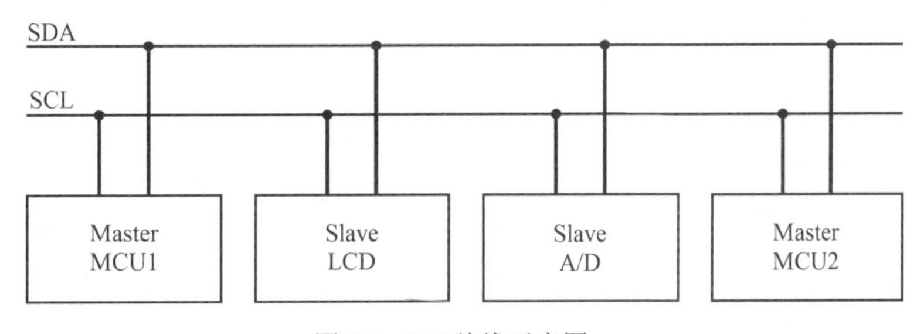

图 9.3　IIC 总线示意图

主设备（Master）负责控制通信，通过对数据传输进行初始化/终止化，来发送数据并产生所需的同步时钟脉冲。

从设备（Slave）等待来自主设备的命令，并响应命令接收。主设备和从设备都可以作为发送设备或接收设备。无论主设备是作为发送设备还是接收设备，同步时钟信号都只能由主设备产生。

2. UART 总线

UART 总线是一种通用串行数据总线，用于异步通信，该总线双向通信，可以实现全双工传输和接收，工作原理是将传输数据的每个字符一位接一位地传输。

UART 总线由两条总线组成：TXD 用于发送，RXD 用于接收。通用串行数据总线示意图如图 9.4 所示。

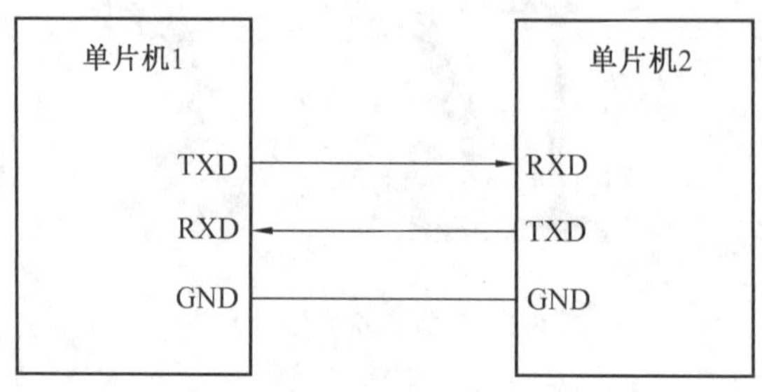

图 9.4　通用串行数据总线示意图

UART 的串行数据传输不需要使用时钟信号来同步传输，而是依赖于发送设备和接收设备之间预定义的配置，对于发送设备和接收设备来说，两者的串行通信配置应该设置为完全相同。

参考代码：【IIC 通信】[视觉模块——发送数据]。

```
import time
from machine import IIC

i2c = I2C(I2C.I2C0, freq=500000, scl=30, sda=31)

def comunication(data):
    devices = i2c.scan( )
    print("devices: ",devices)
    for device in devices:
        print("data: ",data)
        i2c.writeto(device,data)

while(True):
    x = 160
    y = 120
    data = "x"+ str(x) +"y"+str(y)+"c"
    comunication(data)
    time.sleep_ms(10)
```

参考代码：【IIC 通信】[主控模块——接收数据（Arduino）]。

```
#include <Wire.h>
int data_x = 0;
int data_y = 0;
String message = "";

void setup( )
{
  //串口波特率设置
  Serial.begin(115200);
  Wire.begin(10);
  ///IIC 通信-接收
  Wire.onReceive(ReceiveEvent);
  }
void loop( ){
  Serial.print(" message:");
  Serial.println(message);
  Serial.print(" data_x:");
  Serial.print(data_x);
  Serial.print(" data_y:");
  Serial.println(data_y);
  }
  //IIC 接收
void ReceiveEvent(int howMany) {
  int x = 0;
  int y = 0;
  int flag = -1;
  String data = "";
  while (0 < Wire.available( )) {
    char c = Wire.read( );
    data = data + c;
    /*****横坐标数据开始位*****/
    if(c == 'x'){
```

```
        flag = 0;
        continue;
        }
      /*****纵坐标数据开始位*****/
      if(c == 'y'){
        flag = 1;
        continue;
        }
      /********结束位*********/
      if(c == 'c'){
        data_x = x;
        data_y = y;
        message = data;
        x = 0;
        y = 0;
        data = "";
        flag = -1;
        continue;
        }
      /******横坐标数据计算******/
      if(flag == 0){
        x = x*10 + (c-'0');
        }
      /******纵坐标数据计算******/
      if(flag == 1){
        y = y*10 + (c-'0');
        }

      delay(1);
      }
}
```


主控模块——接收数据（图形化）程序示意图如图 9.5 所示。

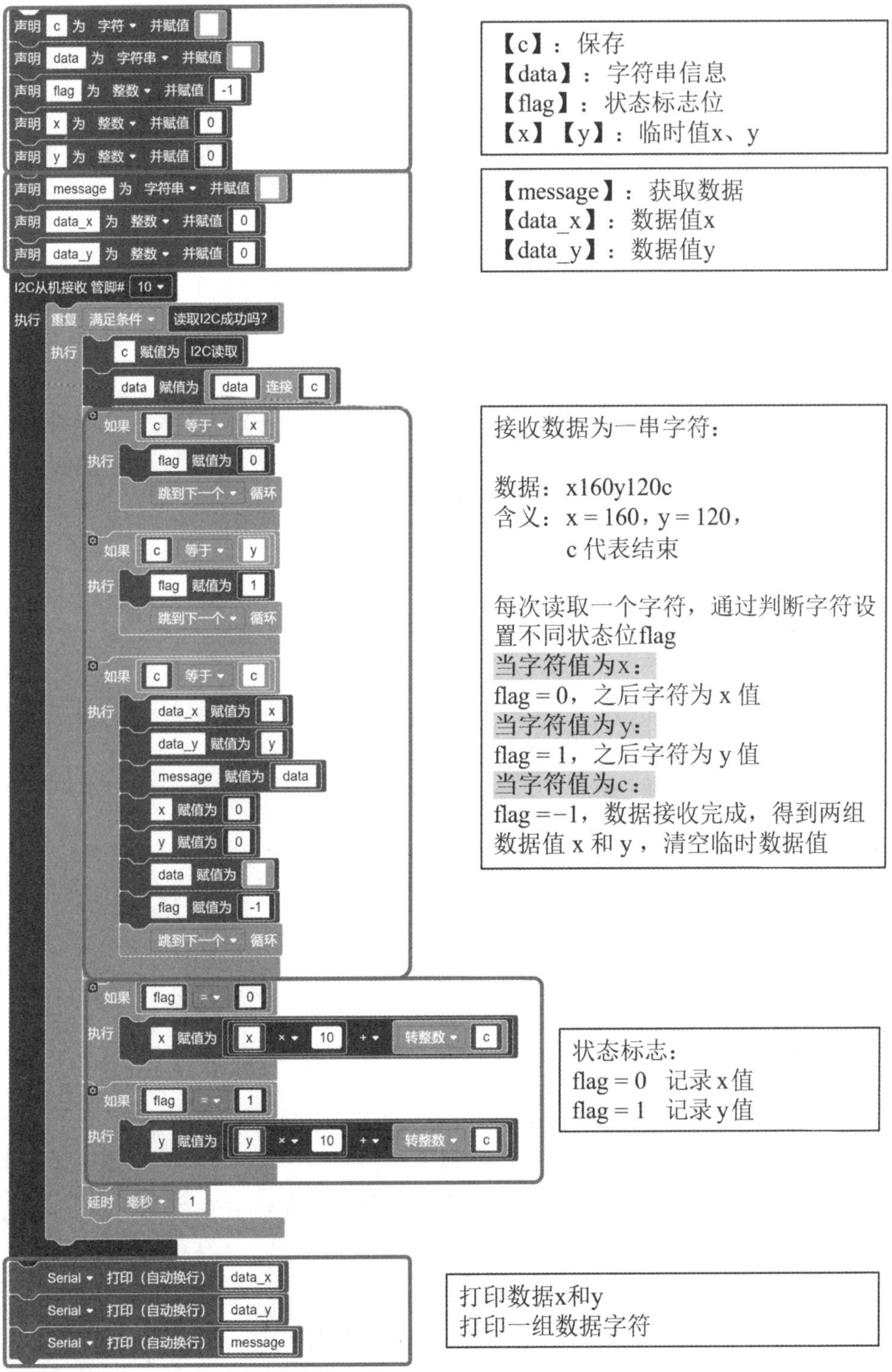

```
声明 c 为 字符 并赋值 ''
声明 data 为 字符串 并赋值 ""
声明 flag 为 整数 并赋值 -1
声明 x 为 整数 并赋值 0
声明 y 为 整数 并赋值 0
声明 message 为 字符串 并赋值 ""
声明 data_x 为 整数 并赋值 0
声明 data_y 为 整数 并赋值 0
I2C从机接收 管脚# 10
执行 重复 满足条件 读取I2C成功吗?
  执行 c 赋值为 I2C读取
       data 赋值为 data 连接 c
       如果 c 等于 x
       执行 flag 赋值为 0
            跳到下一个 循环
       如果 c 等于 y
       执行 flag 赋值为 1
            跳到下一个 循环
       如果 c 等于 c
       执行 data_x 赋值为 x
            data_y 赋值为 y
            message 赋值为 data
            x 赋值为 0
            y 赋值为 0
            data 赋值为 ""
            flag 赋值为 -1
            跳到下一个 循环
       如果 flag = 0
       执行 x 赋值为 x × 10 + 转整数 c
       如果 flag = 1
       执行 y 赋值为 y × 10 + 转整数 c
       延时 毫秒 1
Serial 打印（自动换行） data_x
Serial 打印（自动换行） data_y
Serial 打印（自动换行） message
```

【c】：保存
【data】：字符串信息
【flag】：状态标志位
【x】【y】：临时值x、y

【message】：获取数据
【data_x】：数据值x
【data_y】：数据值y

接收数据为一串字符：

数据：x160y120c
含义：x = 160，y = 120，
c 代表结束

每次读取一个字符，通过判断字符设置不同状态位flag
当字符值为x：
flag = 0，之后字符为 x 值
当字符值为y：
flag = 1，之后字符为 y 值
当字符值为c：
flag =−1，数据接收完成，得到两组数据值 x 和 y，清空临时数据值

状态标志：
flag = 0　记录x值
flag = 1　记录y值

打印数据x和y
打印一组数据字符

图 9.5　主控模块——接收数据（图形化）程序示意图

9.3 运动控制

机器人运动学包括正向运动学和逆向运动学，正向运动学即给定机器人各关节变量，计算机器人末端的位置姿态；逆向运动学即已知机器人末端的位置姿态，计算机器人对应位置的全部关节变量。一般正向运动学的解是唯一和容易获得的，而逆向运动学往往有多个解而且分析更为复杂。

机械臂的三维运动是比较复杂的，这里简化模型便于更加理解。对模型进行精简，先去掉下方云台的旋转关节以及机械爪部分，这样便可以在二维的平面上进行运动学分析。

机械臂的几何分析图示如图 9.6 所示。其中，θ_0、θ_1、θ_2 是各个关节角度的未知量。P（x, y, α）是末端执行器的位姿表示，x 和 y 是在 OXY 平面的坐标，α 是末端执行器的朝向。

几何法分析：

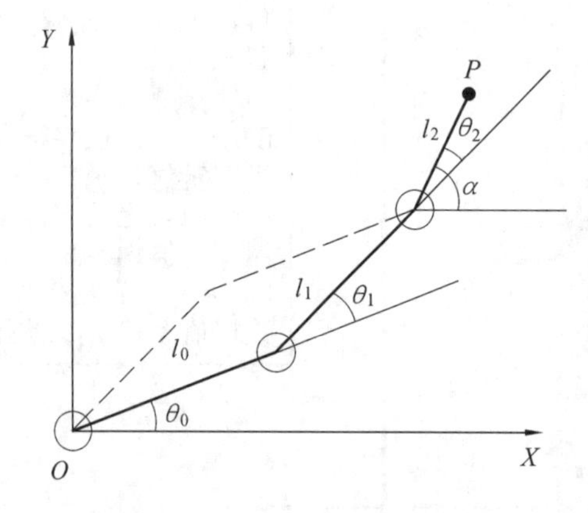

图 9.6 机械臂的几何分析图示

根据分析图示，可列出如下方程：

$$x = l_0 \cos\theta_0 + l_1 \cos(\theta_0 + \theta_1) + l_2(\theta_0 + \theta_1 + \theta_2) \tag{9.1}$$

$$y = l_0 \sin\theta_0 + l_1 \sin(\theta_0 + \theta_1) + l_2 \sin(\theta_0 + \theta_1 + \theta_2) \tag{9.2}$$

$$\alpha = \theta_0 + \theta_1 + \theta_2 \tag{9.3}$$

方程组进行化简，把式（9.3）代入式（9.2）和式（9.1）中，得

$$x = l_0 \cos\theta_0 + l_1 \cos(\theta_0 + \theta_1) + l_2 \cos\alpha \tag{9.4}$$

$$y = l_0 \sin\theta_0 + l_1 \sin(\theta_0 + \theta_1) + l_2 \sin\alpha \tag{9.5}$$

为了方便计算，令

$$m = l_2 \cos\alpha - x$$

$$n = l_2 \sin\alpha - y$$

简化式（9.4）和式（9.5）可得

$$l_1^2 = (l_0 \cos\theta_0 + m)^2 + (l_0 \sin\theta_0 + n)^2 \quad (9.6)$$

通过简单的运算，可得

$$\sin\theta_0 = \frac{-b \pm \sqrt{b^2 - 4ac}}{2a}$$

假设 $k = \dfrac{l_1^2 - l_0^2 - m^2 - n^2}{2l_0}$，可算得

$$a = m^2 + n^2$$

$$b = -2nk$$

$$c = k^2 - m^2$$

利用反三角函数求得θ_0：

$$\theta_0 = \frac{\arcsin(\sin\theta_0) \times 100}{\pi}$$

通过同样的方法，可求得θ_1：

$$\sin(\theta_0 + \theta_1) = \frac{-b \pm \sqrt{b^2 - 4ac}}{2a}$$

假设 $k = \dfrac{l_0^2 - l_1^2 - m^2 - n^2}{2l_1}$，可求得

$$a = m^2 + n^2$$

$$b = -2nk$$

$$c = k^2 - m^2$$

$$\theta_1 = \frac{\arcsin(\theta_0 + \theta_1) \times 180}{\pi} - \theta_0$$

因为$\alpha=\theta_0+\theta_1+\theta_2$，可求得：$\theta_2=\alpha-\theta_0-\theta_1$。

这样就完成了逆向运动学的计算。显然，最终有 2 个正确的解，这个根据几何分析图示（图 9.6）的虚线部分可以看出。一般选取的是虚线部分的解，这样每个关节的受力可以小一点，由于实际安装方式不同可进行不同形式的模型简化。

第 10 章　综合应用案例：智能搬运机器人

智能搬运机器人是通过不同传感器模块感知外界环境，获取不同检测信息，针对不同的检测信息进行不同的运动控制，从而实现位置移动以及相关控制。简易流程：信号输入—信息处理—运动控制。

10.1　信号输入

信号输入有两种，即传感器和蓝牙手柄进行信号输入。

传感器：主要输入状态信息、距离信息和坐标信息等（单一或多种），各类传感器如图 10.1 所示。

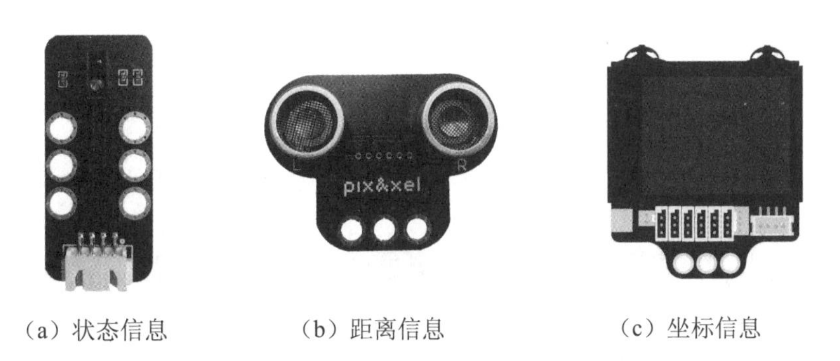

（a）状态信息　（b）距离信息　（c）坐标信息

图 10.1　各类传感器

蓝牙手柄：主要输入数字信号、模拟信号，蓝牙手柄如图 10.2 所示。

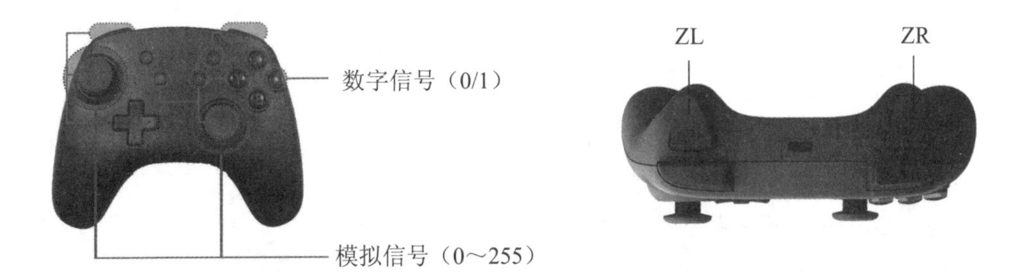

图 10.2　蓝牙手柄

10.2 信息处理

本书主要以蓝牙手柄为例介绍信息处理方面的内容。

肩键 ZL 和 ZR（图 10.2）分别控制底盘左旋和右旋，右手摇杆控制平移的方向及速度，可通过键值组合得到四组情况（表 10.1）。确定状态信息，当旋转信息为不同值时进行不同动作，右手摇杆中心值为（128，128），需修改到（0，0）为中心，便于底盘控制，如图 10.3 所示。

表 10.1　不同键值组合得到的四组情况

情况	【1】	【2】	【3】	【4】
键值	仅按下 ZL	仅按下 ZR	按下 ZL 和 ZR	均未按下
动作	左旋	右旋	静止	静止
状态	1	−1	0	0

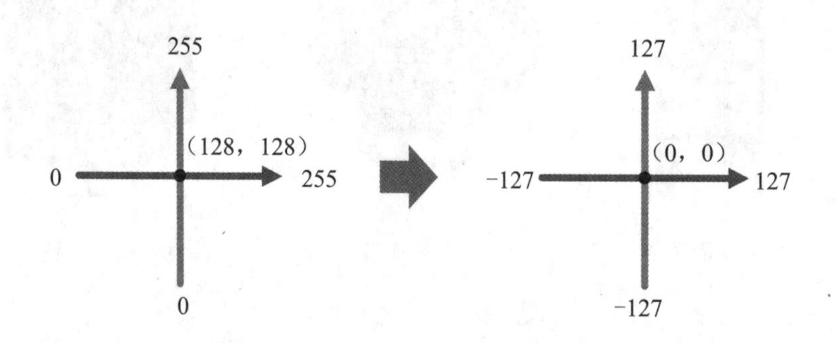

图 10.3　修改中心值

其中

$$\begin{cases} x = x_{raw} - 128 \\ y = y_{raw} - 128 \end{cases}$$

式中　x_{raw}，y_{raw}——当前旋转按键位置坐标。

常规运动控制如图 10.4 所示。

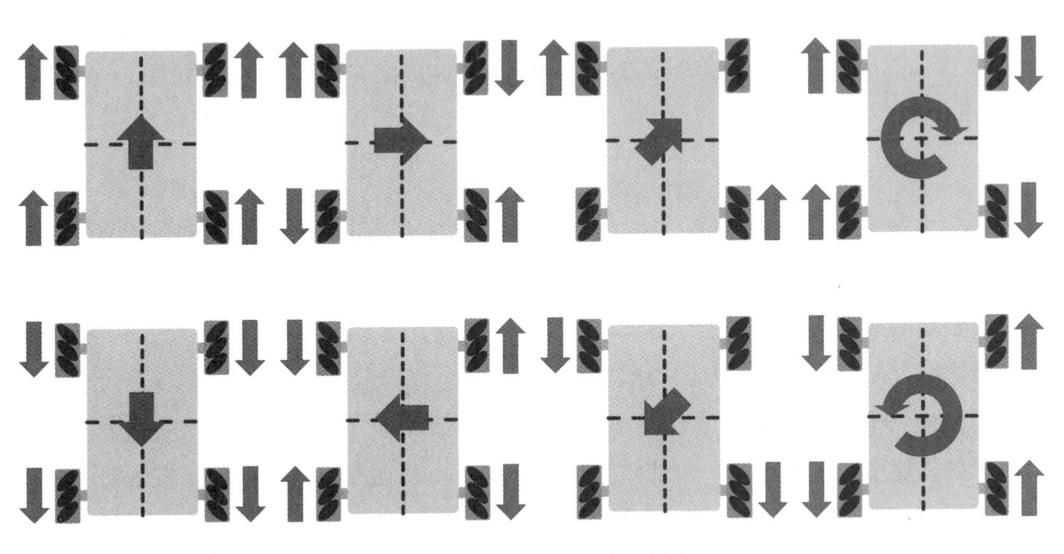

图 10.4　常规运动控制示意图

底盘移动方式所对应轮子旋转方向见表 10.2。

表 10.2　底盘移动方式所对应轮子旋转方向

移动方式	【右上】	【左上】	【左下】	【右下】
前进	1	−1	−1	1
后退	−1	1	1	−1
右移	−1	−1	1	1
左移	1	1	−1	−1
右上	0	−1	0	1
左下	0	1	0	−1
顺时针旋转	−1	−1	−1	−1
逆时针旋转	1	1	1	1

注：1 代表轮子顺时针旋转；−1 代表轮子逆时针旋转；0 代表轮子停止。

10.3　运动控制

刚体在平面内的运动可以分解为三个独立分量：x 轴平动、y 轴平动、z 轴自转，由 5.1.4 中可得各个轮子的线速度为

$$v_{1\omega} = -v_{x_1} + v_{y_1} = -v_{tx} + v_{ty} + \omega(r_x + r_y)$$

$$v_{2\omega} = -v_{x_2} + v_{y_2} = -v_{tx} - v_{ty} + \omega(r_x + r_y)$$

$$v_{3\omega} = -v_{x_3} + v_{y_3} = v_{tx} - v_{ty} + \omega(r_x + r_y)$$

$$v_{4\omega} = -v_{x_4} + v_{y_4} = v_{tx} + v_{ty} + \omega(r_x + r_y)$$

式中，v_{tx}表示 x 轴运动的速度，即左右方向，定义向右为正；v_{ty}表示 y 轴运动的速度，即前后方向，定义向前为正；ω表示 z 轴自转的角速度，定义逆时针为正；r_x+r_y 为一个轮子轴心距的常数值。

简化编程：车轮旋转正方向为顺时针。

假设ω=0 时，底盘则一直保持正对前方，手柄摇杆向 t (x，y) 方向推动如图 10.5 所示，底盘以速度v_t 进行移动，可通过手柄摇杆映射出此速度，从而控制底盘运动。

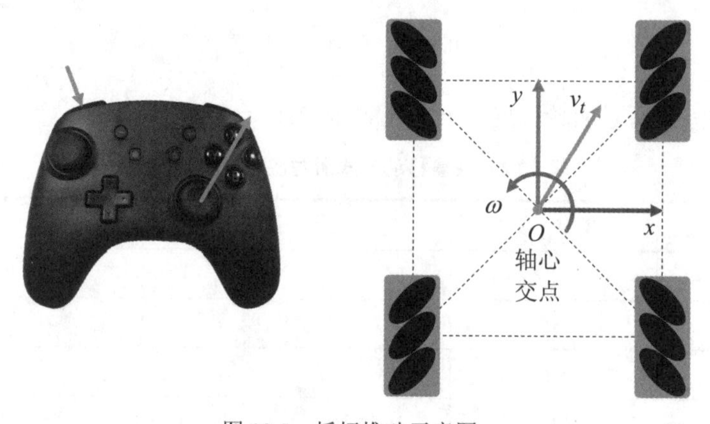

图 10.5　摇杆推动示意图

其中

$$v_{1\omega} = -v_{tx} + v_{ty}$$

$$v_{2\omega} = -v_{tx} - v_{ty}$$

$$v_{3\omega} = v_{tx} - v_{ty}$$

$$v_{4\omega} = v_{tx} + v_{ty}$$

假设$\omega \neq 0$ 时，手柄摇杆向 t (x，y) 方向推动如图 10.5 所示，底盘以速度v_t 进行移动，按下 ZL 键，底盘以角速度ω进行自旋，可通过手柄摇杆和按键映射出不同值，从而控制底盘运动。

其中

$$v_{1\omega} = -v_{tx} + v_{ty} + v_z$$

$$v_{2\omega} = -v_{tx} - v_{ty} + v_z$$

$$v_{3\omega} = v_{tx} - v_{ty} + v_z$$

$$v_{4\omega} = v_{tx} + v_{ty} + v_z$$

参考代码：【轮子速度解算及最大速度限定】。

```
void chassisMove(float xSpeed, float ySpeed, float zSpeed)
{
    float speed1 = - xSpeed + ySpeed + zSpeed;
    float speed2 = - xSpeed - ySpeed + zSpeed;
    float speed3 =   xSpeed - ySpeed + zSpeed;
    float speed4 =   xSpeed + ySpeed + zSpeed;
    float maxSpeed = abs(speed1);
    if (maxSpeed < abs(speed2))    maxSpeed = abs(speed2);
    if (maxSpeed < abs(speed3))    maxSpeed = abs(speed3);
    if (maxSpeed < abs(speed4))    maxSpeed = abs(speed4);
    if (maxSpeed > maxServoSpeed)
    {
        speed1 = speed1 / maxSpeed * maxServoSpeed;
        speed2 = speed2 / maxSpeed * maxServoSpeed;
        speed3 = speed3 / maxSpeed * maxServoSpeed;
        speed4 = speed4 / maxSpeed * maxServoSpeed;
    }
    servo_1.writeMicroseconds(1500-speed1);
    servo_2.writeMicroseconds(1500-speed2);
    servo_3.writeMicroseconds(1500-speed3);
    servo_4.writeMicroseconds(1500-speed4);
}
```

注释
xSpeed、ySpeed、zSpeed 是底盘三个方向运动速度 范围：0～maxServoSpeed
maxServoSpeed：舵机最大速度 maxSpeed：最大解算速度（不考虑方向）
speed1～speed4 分别为四个车轮上的速度，正方向为顺时针旋转 范围：0～maxServoSpeed 当 speed1～speed4 中任意一个速度超过了舵机最大速度，那整体速度就需要等比例修改

参考代码：【蓝牙手柄控制底盘运动】。

```
/*
 * 360° 舵机正反转
 * servo.writeMicroseconds(1500);
 * 1 500 控制舵机停止
 * 500 ~ 1 500 控制顺时针旋转，值越小，旋转速度越大
 * 1 500 ~ 2 500 控制逆时针旋转，值越大，旋转速度越大
 */
#include <Servo.h>
#include <bluetooth_ps2.h>
Servo servo_1;                    //右上（序号 1）
Servo servo_2;                    //左上（序号 2）
Servo servo_3;                    //左下（序号 3）
Servo servo_4;                    //右下（序号 4）

int maxServoSpeed = 1000;         //舵机最大运动速度
int x = 128;                      //遥控手柄 x 轴方向坐标值,范围（0～255,中心值 128）
int y = 128;                      //遥控手柄 y 轴方向坐标值,范围（0～255,中心值 128）
int w = 0;                        //摇杆 L 和 R 按下状态,范围（-1,0,1）
float xSpeed = 0;                 //底盘沿 x 轴方向的平移速度
float ySpeed = 0;                 //底盘沿 y 轴方向的平移速度
float zSpeed = 0;                 //底盘绕 z 轴方向的旋转速度

void setup( )
{
    Serial.begin(115200);
    servo_1.attach(11);
    servo_2.attach(10);
    servo_3.attach(9);
    servo_4.attach(8);
}

void loop( )
{
//  键值刷新
    keyRefresh( );
```

```
// 键值与实际速度映射
    xSpeed = (x-128)/127*1000;
    ySpeed = (y-128)/127*1000;
    zSpeed = w*1000;
// 底盘运动
    chassisMove(xSpeed,ySpeed,zSpeed);
}

int _ps2_data_list(uint8_t key) {
    ps2loop(Serial);
    return ps2_data_list[key];
 }

bool _PS2ButtonPressed(uint8_t key)
{
    ps2loop(Serial);
    return PS2ButtonPressed(key);
}

void keyRefresh( )
{
    x = _ps2_data_list(HteJOYSTICK_RX);
    y = _ps2_data_list(HteJOYSTICK_RY);
    if (_PS2ButtonPressed(HteJOYSTICK_ZL)) {
      w = 1;
    }
    else if (_PS2ButtonPressed(HteJOYSTICK_ZR)) {
      w = -1;
    }
    else {
      w = 0;
    }
    if (_PS2ButtonPressed(HteJOYSTICK_ZL) && _PS2ButtonPressed(HteJOYSTICK_ZR)) {
      w = 0;
    }
}
```

```
void chassisMove(float xSpeed, float ySpeed, float zSpeed)
{
    float speed1 = - xSpeed + ySpeed + zSpeed;
    float speed2 = - xSpeed - ySpeed + zSpeed;
    float speed3 =   xSpeed - ySpeed + zSpeed;
    float speed4 =   xSpeed + ySpeed + zSpeed;

    float maxSpeed = abs(speed1);
    if (maxSpeed < abs(speed2))    maxSpeed = abs(speed2);
    if (maxSpeed < abs(speed3))    maxSpeed = abs(speed3);
    if (maxSpeed < abs(speed4))    maxSpeed = abs(speed4);

    if (maxSpeed > maxServoSpeed)
    {
        speed1 = speed1 / maxSpeed * maxServoSpeed;
        speed2 = speed2 / maxSpeed * maxServoSpeed;
        speed3 = speed3 / maxSpeed * maxServoSpeed;
        speed4 = speed4 / maxSpeed * maxServoSpeed;
    }

    servo_1.writeMicroseconds(1500-speed1);
    servo_2.writeMicroseconds(1500-speed2);
    servo_3.writeMicroseconds(1500-speed3);
    servo_4.writeMicroseconds(1500-speed4);
}
```

参考文献

[1] 日本机器人学会. 新版机器人技术手册[M]. 宗光华，程君实，译. 北京：科学出版社，2007.

[2] 申永胜. 机械原理教程[M] . 2 版. 北京：清华大学出版社，2005.

[3] 柯博文. Arduino 完全实战[M]. 北京：电子工业出版社，2016.

[4] 陈吕洲. Arduino 程序设计基础[M]. 2 版. 北京：北京航空航天大学出版社，2015.

[5] Bräunl T. Embedded robotics: mobile robot design and applications with embedded systems [M]. Berlin: Springer，2006.

[6] 中华人民共和国国家机器人标准总体组. 机器人分类：GB/T 39405—2020[S]. 北京：国家标准化管理委员会，2020.

[7] 曹其新，张蕾. 轮式自主移动机器人[M]. 上海：上海交通大学出版社，2012.

[8] 张毅，罗元，郑太雄，等. 移动机器人技术及其应用[M]. 北京：电子工业出版社，2007.

[9] 罗庆生，韩宝玲. 现代仿生机器人设计[M]. 北京：电子工业出版社，2008.

[10] 西格沃特 R，诺巴克什 I R，斯卡拉穆扎 D. 自主移动机器人导论：第 2 版[M]. 李人厚，宋青松，译. 西安：西安交通大学出版社，2013.

[11] BRUNO S，OUSSAMA K. Springer handbook of robotics[M]. Berlin: Springer，2016.

[12] CORKE P. Robotics, Vision and control: fundamental algorithms in MATLAB[M]. Berlin: Springer，2017.